5G网联
无人机

系统原理与应用

苏郁　等◎著

人民邮电出版社

北　京

图书在版编目（CIP）数据

5G 网联无人机系统原理与应用 / 苏郁等著 . -- 北京 ：
人民邮电出版社，2025. -- ISBN 978-7-115-67291-9

Ⅰ．V279

中国国家版本馆 CIP 数据核字第 2025G6Z245 号

内 容 提 要

传统无人机自建数据链路存在控制和传输距离有限的难题。目前，无人机行业面临的技术瓶颈是每个无人机生产厂商都使用自己私有的自建通信与控制链路来控制无人机飞行，这导致无人机控制距离有限、飞不远，且无法满足大带宽、低时延的应用场景。

本书聚焦于上述客观问题，首先阐述了 5G 的发展历程与关键技术，并分析了 5G 高速率、大容量、低时延及高可靠特性带来的巨大影响；然后详细讲述了 5G 网联无人机系统云、网、端关键技术体系，即 5G 网联无人机系统利用 5G 移动通信网络代替无人机生产厂商自建的私有通信与数据链路，无人机通过机载专用智能通信终端接入 5G 移动通信网络，最终由无人机管理运营云平台实现对无人机的远程超视距飞行控制和高清数据视频的实时回传和处理。此外，本书也对 5G 网联无人机系统的众多行业应用与相关技术进行了详细介绍，同时展开对 5G 网联无人机商业生态的全面讨论，最后提出对 5G 网联无人机系统广阔未来的展望。

本书适合政府、企业、科研机构工作人员，以及对 5G 网联无人机感兴趣的人员阅读，也可作为高等院校通信及无人机专业的参考用书。

◆ 著　　　苏　郁　等
　 责任编辑　张国才
　 责任印制　彭志环

◆ 人民邮电出版社出版发行　　北京市丰台区成寿寺路 11 号
　 邮编 100164　电子邮件 315@ptpress.com.cn
　 网址 https://www.ptpress.com.cn
　 北京瑞禾彩色印刷有限公司印刷

◆ 开本：700×1000　1/16
　 印张：17　　　　　　　　　　　　　　　　2025 年 6 月第 1 版
　 字数：180 千字　　　　　　　　　2025 年 6 月北京第 1 次印刷

定　价：89.00 元

读者服务热线：（010）81055656　印装质量热线：（010）81055316
反盗版热线：（010）81055315

推荐序

随着信息通信技术的飞速发展，人类社会正迈入一个智能化、数字化与万物互联深度融合的崭新时代。在这个进程中，第五代移动通信技术（5G）作为核心支撑架构，以其超高速率、超低时延和超大连接的技术特性，为多领域的技术进步和产业升级提供了坚实的基础。更重要的是，5G与大数据、人工智能、边缘计算等前沿技术的深度融合，构建了一个推动社会进步与创新发展的强大动力，成为当代科技迅猛发展与变革的重要标志。

在这场技术浪潮的深刻变革中，5G网联无人机系统正以其独特的技术优势和广阔的应用前景，成为推动行业变革与技术创新的重要力量。5G网络的强大连接能力，为无人机突破传统通信约束、实现网络化控制奠定了基础。通过利用高效的5G通信网络作为无人机的通信与控制链路，不仅实现了对无人机的超视距远程飞行控制，更实现了高清视频和海量数据的实时传输与智能化处理。这种能力的提升使无人机在多个应用场景中展现了强大的综合作业能力，推动其从传统单一工具转变为集数据采集、信息处理与智能决策于一体的综合平台。不仅如此，5G网联无人机系统的广泛应用也为构建智能化社会治理模式、提升行业运行效率提供了新型解决方案。

放眼全球，当前科技革命与产业变革正在推动社会发展深刻转型，5G

网联无人机系统在这个大背景下展现了强大的技术驱动效能和融合创新潜力。作为新一代数字化技术和智能化手段的结合体，5G 网联无人机系统已被广泛应用于城市治理、物流运输、应急救援、环境监测等诸多领域，并在更高层次推动了产业升级与社会发展。

为推动 5G 网联无人机系统的应用与相关技术的普及，并系统总结该领域的技术发展与创新成果，中国移动（成都）产业研究院副院长苏郁博士主编了《5G 网联无人机系统原理与应用》一书。这本书立足于行业前沿，全面分析了 5G 网联无人机系统的技术原理与典型应用，内容不仅涵盖基础理论和实际应用等多个方面，还深入探讨了未来的发展与趋势。总之，本书能够为工程师、研究人员及管理人员等行业从业者普及相关领域的专业知识，提升他们的专业技能；助力 5G 网联无人机系统的应用创新与产业落地，并为行业数字化转型贡献智慧和力量。

我们期待与业界同仁共同努力，推动 5G 通信和无人机技术的融合发展与应用创新，为未来社会的数字化与智能化转型发展注入强大动力。

向锦武

中国工程院院士

北京航空航天大学教授

前 言

随着科技的迅猛发展，低空经济正逐步成为社会关注的焦点，其广阔的发展前景和深远的产业影响力吸引着各界的高度关注。在此背景下，结合多年的工作实践与研究，我组织编写了此书，系统阐述 5G 网联无人机系统的理论基础、核心技术、产业发展及未来趋势，旨在为相关领域的工程师、研究人员及管理人员提供系统而全面的学习和参考。

本书由苏郁、周剑、王水介等主创人员负责各章内容的整理与润色，同时邀请了多位在相关领域具有深厚学术造诣和丰富实践经验的专家参与撰写，力求使内容既具有学术深度，又兼具实践指导意义。全书分为 8 章，涵盖了 5G 网联无人机系统的技术原理与典型应用。

第 1 章由程倩倩主笔，介绍了 5G 的发展历程、关键技术及其在低空经济中的应用前景。作为新一代移动通信技术，5G 凭借其高速率、低时延、大容量的特性，为低空经济的创新发展提供了有力支撑，也为无人机等低空设备的智能化应用奠定了坚实的基础。

第 2 章由王水介主笔，重点探讨了 5G 网联无人机系统的技术原理与低空应用。本章详细分析了 5G 赋能无人机的关键技术、运行机制，并结合城市管理、应急救援等实际案例，展示了 5G 与无人机融合所带来的技术创新与市场前景。

第 3 章由王水介与程倩倩联合执笔，详细介绍了 5G 网联无人机系统管理运营云平台的概念、体系架构及核心技术。本章通过"中移凌云"平台的实践应用，描述了云平台在无人机飞行控制、数据处理及行业应用中的重要价值。

第 4 章由阳煦平主笔，重点研究了 5G 低空网络覆盖的现状、技术挑战及优化方案。本章不仅分析了 5G 网络在低空环境中的覆盖难点，还提出了分层架构、组网模式及安全策略，为低空网络优化提供了理论支持和实践参考。

第 5 章由邓玖根主笔，介绍了 5G 网联无人机系统机载专用智能终端的设计原理、核心技术及性能指标。本章结合"哈勃一号"等智能终端的案例，阐述了作为载荷的智能终端在无人机网联化进程中的关键作用。

第 6 章由覃小龙主笔，探讨了 5G 网联无人机系统在城市管理中的应用。本章基于多个真实案例，分析了 5G 网联无人机系统在低空监管、警用安防、交通治理等领域的创新应用，为城市管理提供了新的思路和实践方法。

第 7 章由卢禹杉主笔，聚焦 5G 网联无人机系统在应急场景中的应用。本章详细阐述了其在应急通信、侦察测绘、救援处置等方面的实际应用案例，展现了其在应急管理中的独特优势。

第 8 章由管泽鑫主笔，从产业生态的视角剖析了 5G 网联无人机系统产业的现状、发展趋势及未来机遇。本章通过对产业链上下游的深入研究，探讨了 5G 网联无人机系统如何推动低空经济的持续创新和发展。

本书紧密结合当前低空经济的发展态势，对 5G 网联无人机系统的技术原理进行了详细的介绍，并对未来演进进行了展望。我们坚信，随着移动通信技术的持续进步和低空经济的不断发展，5G 网联无人机系统将在更多领域发挥重要作用，为社会经济发展注入新的动能。

　　本书的编写得到了众多专家学者的大力支持，在此谨致以衷心的感谢。同时，我也感谢所有参与编写的作者和工作人员，他们的辛勤付出为本书的顺利出版奠定了坚实的基础。由于时间有限，书中难免存在疏漏和不足之处，恳请广大读者批评指正。

苏郁

2025 年 4 月

目 录

第 1 章

5G 的发展历程与关键技术

4G 的广泛应用带领着移动互联网迈入全新阶段，为人们的社会和经济活动创造了更广泛的空间。通信需求的不断提升推动着移动通信技术加速演进，5G 网络作为面向 2020 年以后的移动通信网络已渗透到各行各业，成为基础设施的重要组成部分。持续迭代的通信技术正在助力各个领域转型升级，不断迈向智能化的更高水平。

1.1　移动通信系统概述

移动通信技术经历了从 1G 到 5G 的演进，每一代移动通信技术均在全新维度释放了行业的创新潜能，塑造着全新的个体生活方式。当前，我们全面迎来 5G 时代，这个新时代的到来将更好地满足人们对高速率、大容量、低时延及高可靠通信服务的需求，为各领域的创新和发展提供广泛的可能性，推动移动互联走向空前繁荣。

1.1.1　移动通信系统的发展历程

1. 第一代移动通信系统

第一代移动通信技术（1G）是移动通信技术的起点，诞生于 20 世纪 80 年代，标志着人类从固定电话时代迈入无线通信时代。该系统将覆盖区域划分为多个六边形"蜂窝小区"，通过与频分多址相结合实现频率复用，大大提升了网络的通信容量。每个小区由一个基站（Base Transceiver Station, BTS）负责信号传输，当用户移动时，系统通过切换技术保持通话的连续性。

1G 时代采用模拟调制方式构建了系统的基本框架。模拟调制将非电信号输入变换器，并输出连续的电信号，使电信号频率或振幅随输入非电信号的变化而变化，实现非电信号到无线电波的转换。1G 采用的频分多址（Frequency Division Multiple Access，FDMA）技术为每个用户通话分配一个独立的频段（通常为 30 kHz），不同用户通过频率分隔实现多用户接入。但由于频谱资源有限，FDMA 的容量较低。

1978 年，美国贝尔实验室（Bell Labs）研发了全球首个移动蜂窝电话系统——高级移动电话系统（Advanced Mobile Phone System，AMPS）。AMPS 于 1983 年在芝加哥首次商用，验证了"小区制"和"频率复用"理论的可行性。我国于 1987 年 11 月 18 日在广州正式商用了第一代模拟移动通信系统，该系统采用了英国的全接入通信系统（Total Access Communication System，TACS）制式，最高用户数量一度达到 660 万[①]。

第一代模拟移动通信系统在通信容量、通信质量和通信安全性方面还存在局限，未统一的标准让国际漫游成为难以突破的瓶颈。随着技术的不断创新和移动通信行业的迅速发展，第一代模拟移动通信系统逐渐被数字通信系统取代。尽管第一代模拟移动通信系统在技术上逐渐退出了历史舞台，但它为移动通信事业的起步和发展积累了丰富的经验，为后续技术演进提供了有益的借鉴。

2. 第二代移动通信系统

第二代移动通信技术（2G）的兴起标志着数字移动通信技术的重大演进。在 2G 时代，主要标准包括欧洲的全球移动通信系统（Global System for Mobile Communication，GSM）和北美的数字式高级移动电话系统（Digital Advanced Mobile Phone System，D-AMPS）。1G 时代各国都采用独立的移动通信标准，限制了全球通信的无缝性和便利性。随着技术的进步和对通信全球化的需求增长，2G 时代呈现出多个标准竞争的局面，进一步加速了通信产业的发展。最终，在 1989 年以 GSM 的商业化推动了标准的统一。

2G 采用时分多址（Time Division Multiple Access，TDMA）或码分多址（Code Division Multiple Access，CDMA）接入。TDMA 将时间划分为若干时隙，不同用户在不同时隙内进行通信，实现多用户共享同一频率的资源，

---

① 张晓燕. 移动通信概论 [M]. 西安：西安电子科技大学出版社，2022.

有效提高了频谱的利用率。CDMA 通过编码与解码实现用户之间的区分，同样支持多个用户在同一频率范围内同时传输数据[①]。2G 采用的数字调制技术具有更强的抗干扰能力，支持以差错检测和纠错机制有效抵御干扰。与此同时，数字信号在传输中不会积累噪声，避免了信号质量随距离增加而下降的问题。数字信号的加密手段也更灵活，可通过先进的加密算法进一步提升信号传输的安全性，带来了更高效、更安全、更具容量的通信体验。

随着互联网的兴起，传统 GSM 已无法满足用户对电子邮件、网页浏览等分组数据业务的需求。为此，GSM 进行了进一步的技术改革，引入了通用分组无线服务（General Packet Radio Service，GPRS）技术、增强型数据速率 GSM 演进（Enhanced Data Rate for GSM Evolution，EDGE）技术及 IS-95B 新技术；欧洲电信标准组织（European Telecommunications Standards Institute，ETSI）在 1996 年正式推出 GSM Phase 2+ 标准。这个阶段在 GSM 系统中引入了一系列创新性的技术和标准，如立即计费、GSM 900/1800 双频段工作等内容，从容量扩展、频谱利用效率、适应性增强等方面进一步提升了移动通信系统的性能。全速率完全兼容的增强型话音编解码和半速率编解码是在 GSM Phase 2+ 中引入的关键技术，目的在于改进移动通信系统的语音质量和容量。全速率完全兼容的增强型话音编解码技术通过提高语音信号质量，使语音传输更加清晰和自然；而半速率编解码技术则通过以用户不易察觉的方式降低语音信号的传输速率，提升系统容量[②]。这两项技术的引入使 GSM 系统在语音通信质量和系统容量方面取得了平衡，为获得更好的用户体验和更高的系统效率创造了条件。同时，GPRS 和

---

① 潘文. 5G 商用：打造高速智能应用场景 [M]. 北京：人民邮电出版社，2020.
② 王喜瑜，刘钰，刘利平. 5G 无线系统指南：知微见著，赋能数字化时代 [M]. 机械工业出版社，2022.

EDGE 技术的引入标志着移动通信系统逐渐向高速数据传输和多媒体业务方向迈进。

2G 从传统模拟技术到数字技术的过渡是通信技术的重大变革，但用户只能在同一制式的网络覆盖范围内进行漫游，仍面临通信受限的问题。除此之外，2G 系统的核心设计用于传输语音和简单数据，难以应对日益增长的高速数据传输需求（如图像传输、视频通话等）。

3. 第三代移动通信系统

第三代移动通信技术（3G）标志着移动通信系统能力的全面提升。3G 系统提供了丰富多样的移动多媒体业务，涵盖了语音通信、数据传输及视频等服务。在 3G 业务分类中，基本业务包括短消息、无线应用协议（Wireless Application Protocol，WAP）、多媒体消息、定位服务及空中激活（Over-The-Air，OTA）技术。与此同时，3G 还催生了新兴业务，涵盖更先进的数据传输服务、高质量的视频通话及更智能的应用服务，满足了用户多元化的通信需求。这种全方位的服务定位使 3G 系统在商务、社交、娱乐等方面发挥了积极的作用，引入了更多创新和便捷的功能。

WCDMA、CDMA2000 和 TD-SCDMA 是 3G 的三大主流标准，标志着通信技术进入多样化发展的新阶段。这些标准在频谱利用、干扰管理及系统性能等方面有着不同的设计理念和技术特点。WCDMA 和 CDMA2000 采用了频分双工（Frequency Division Duplex，FDD）方式，通过在不同的频段上进行上行通信和下行通信，实现双向传输。这种设计使 WCDMA 和 CDMA2000 能够在同一时间内进行双向通信，但也需要频率间隔以避免上行信号和下行信号之间的相互干扰。相比之下，TD-SCDMA 采用了时分双工（Time Division Duplex，TDD）方式，通过时间上的划分实现上行通信和下行通信的交替进行 ①。在这种方式下，上行信号和下行信号共享相同的频谱，需要在时间上进行间隔以避免干扰。

20 世纪末，美国高通公司的码分多址（CDMA）数字蜂窝移动系统对移动通信技术的发展产生了深远的影响。通信领域对于更高效、更先进的通信标准需求不断增长。1997 年，国际电信联盟（International Telecommunication Union，ITU）启动了无线传输技术方案的征集工作。在这个背景下，时分多址（TDMA）制式缺乏长远前景，CDMA 因频谱效率相对较高而备受关注。此后，欧洲采用了 WCDMA，美国采用 CDMA2000，我国采用 TD-SCDMA。这个时期的标准制定和采用反映了通信产业的全球化趋势，各国通信标准逐渐向一体化迈进。

1996 年以后，互联网迅速发展，欧美标准在设计初期并未充分考虑互联网的爆发性增长，WCDMA 和 CDMA2000 均难以应对互联网的非对称业务。在这种业务模式下，上行数据和下行数据传输的速率不等，其中一方传输速率较高，而另一方较低，迫使通信系统再次全面升级。TD-SCDMA 作为我国提出的 3G 通信标准，采用 TDD 技术通过灵活的时间分割方案满足了非对称业务的特殊要求，在全球范围内崭露头角。TD-SCDMA 在发展过程中引入了智能天线技术，能够灵活调整天线方向，降低发射功率，减少多址干扰，从而提高网络容量和通信质量 ②。这项技术的引入有效解决了传统无线通信中出现的信号干扰和无效能量浪费问题。除此之外，TD-SCDMA 采用的软件无线电技术使基站和终端设备能够更加灵活地进行升级和更新，支持多制式基站和多模终端，通过引入 TD/GSM 双模终端满足同时在 TD-SCDMA 和 GSM 两种不同制式的网络下工

---

① 刘光毅，方敏，关皓. 5G 移动通信系统：从演进到革命 [M]. 北京：人民邮电出版社，2016.
② 万蕾. 5G 系统设计——端到端标准详解 [M]. 北京：电子工业出版社，2021.

作，与既有的 GSM 网络平滑过渡。TD-SCDMA 的灵活性不断适应市场需求的变化，为系统的升级换代提供了可行的解决方案，在全球 3G 技术领域占有一席之地，为我国在通信领域的自主创新和技术引领做出了重要贡献。

4. 第四代移动通信系统

第四代移动通信技术（4G）采用 TD-LTE 和 FDD-LTE 两种主要制式，为用户提供更加高效、多样化的通信体验。在数据传输速率方面，2G 网络的数据传输速率为 9.6 kbps，3G 网络的数据传输速率达到 2 Mbps，4G 网络的数据传输速率取得巨大突破，达到了 100 Mbps。这种突破性的高速率传输技术彻底改变了用户体验层级，为高质量音频、视频和图像等多媒体应用的普及提供了有力的支持。

4G 采用了正交频分复用（Orthogonal Frequency Division Multiplexing，OFDM）技术。这是一种多载波调制技术，通过将频谱分成多个正交的子载波，可以有效抵抗多径传播带来的信号衰落，同时提高频谱利用率。OFDM 的特性也使其成为数字音频广播等增值服务的理想选择，实现了高质量、稳定的数字音频传播。4G 系统将 OFDM 作为核心技术，同时考虑到其与 3G 系统的过渡性，并结合 CDMA 技术的优点，为用户提供了更多创新性的服务，构建了一个更加智能、高效的移动通信系统。

长期演进技术（Long Term Evolution，LTE）是基于 3G 的改进，目的在于提供更高的数据传输速率、更低的时延和更好的系统性能，以满足不断增长的移动通信需求。在 LTE 的标准化工作中，第三代合作伙伴计划（Third Generation Partnership Project，3GPP）起到了关键的作用。3GPP 通过联合全球六大电信发展组织（日本无线电工业和企业协会、世界无线通信解决方案联盟、中国通信标准化协会、欧洲电信标准组织、韩国电信技术协会、日本电信技术委员会）的合作，共同推动了 LTE 标准的制定和确认。这个跨国合作的举措确保了多个国家和地区的电信产业共同参与 LTE 标准的制定，最终将 LTE 确认为全球通用的移动通信标准。这意味着无论用户身处何地，都能够享受到同等水平的高速、高质量的移动通信服务。同时，这个全球标准的制定促进了 LTE 技术的迅速推广和广泛应用，为全球范围的移动通信带来了互通性。

1.1.2　移动通信技术的变革

在过去的几十年里，蜂窝网络经历了从 1G 到 4G 的多次重大技术革新，每个阶段的发展都标志着通信领域的巨大进步，从最初的模拟语音通话到如今大带宽数字传输的飞速演进。1G 时代的到来使语音通信摆脱了电话线的限制；2G 时代 GSM 的引入成为一个重要的里程碑，全球业务得以互通；3G 时代智能手机和互联网开始崛起，移动通信技术的发展促进了多媒体生态系统的繁荣；4G 的问世在网络速度上迈出了巨大的一步，使在线多媒体内容愈发成熟，各种新兴互联网公司蓬勃发展。与此同时，互联网的涌入给传统通信运营商带来了新的竞争压力，塑造了不同的移动通信格局。

在市场的推动与影响下，信息通信行业迈入新的发展阶段，运营商与互联网展开了广泛合作，共同致力于推动移动通信技术的创新，为未来智能社会和物联网的发展提供强有力的支撑，全球移动通信正在经历由 4G 向 5G 的变革。

1.2　5G 的概念与内涵

根据 IMT-2020（5G）推进组的预测，2030 年包括物联网设备在内的全球联网设备总数将达到千亿量级，其中我国的联网设备数量将超过 200 亿。移动流量需求的爆炸式增长对新一代移动通信技术提出了新要求。第五代移动通信技术（5th-Generation Mobile Communication Technology，5G）将引领移动通信新时代，为各行各业提供更广泛、更深层次的数字化支持，以不断革新的通信技术给社会创新、经济发展和生活方式带来深远的影响。

1.2.1　5G 的基本概念

5G 作为最新一代蜂窝通信技术，是针对高速率、大容量、低时延、高可靠及广连接的新需求提出的，其设计理念致力于构建更广泛、更深层次的数字化生态系统。5G 不仅支持迅速增长的移动带宽数据业务，还支持超低时延、高可靠性以及广覆盖下的大连接业务，更加多元化、复杂化；不仅包括普通用户的高速数据传输、视频通话等，还包括对物联网设备的广泛支持，以支撑智能家居、智慧城市、工业自动化等多个领域；不仅要实现人与人互联，还需要实现人与物、物与物的全面互联，即"万物互联"。

为实现更大系统带宽以满足不同业务需求，5G 面临前所未有的设计挑战。其中，5G 对频谱资源的创新性利用成为其突出特点之一。为了应对多样化的通信需求，5G 将频谱资源分为两个主要域——FR1 和 FR2。这里的 FR 代表频率范围（Frequency Range）。FR1 对应的频率范围涵盖了 450 MHz 到 6 GHz，也被称为 Sub-6G。这个频段在 5G 系统中被广泛应用，可以提供较大的覆盖范围和较强的穿透能力，适用于城市、郊区及室内环境。这使 5G 系统能够更好地支持移动通信、物联网等各类服务。与之不同的是，FR2 对应的频率范围涵盖了 24 GHz 到 52 GHz，这个高频段的特点是波长极短，属于毫米级别，因此得名毫米波（mmWave）。尽管毫米波频段在传输过程中衰减较强且穿透能力较差，但其拥有更大的系统带宽，可以实现更高的数据传输速率。毫米波被广泛应用于高容量、低时延的通信需求，如高清视频传输和虚拟现实等。这种分域的频谱利用方式使 5G 系统能够更加灵活地适应不同场景下的通信要求，为用户提供更丰富和高效的通信体验，也造成了更复杂的系统设计和频谱管理的问题，需要综合考虑系统性能、覆盖范围、衰减特性等诸多方面的因素[①]。

1.2.2　5G 新架构

为了更好地满足对增强型移动宽带（Enhanced Mobile Broadband，eMBB）、超可靠低时延通信（Ultra Reliable Low Latency Communication，uRLLC）和海量机器类型通信（Massive Machine Type Communication，mMTC）等场景的支持，5G 需要更加高效的网络架构实现灵活组网、快速部署业务。5G 系统架构可分为 5G 核心网（5G Core，5GC）和下一代无线接入网（Next Generation Radio Access Network，NG-RAN）两大主要部分，如图 1-1 所示。其中，NG-RAN 是由 3GPP 在 Release 15 及后续版本中定义的 5G 标准下的新型无线接入网（Radio Access Network，RAN）架构。下一代 NodeB（next generation NodeB，gNB）是 5GC 的无线接入节点，负责用户设备（User Equipment，UE）信号的收发和处理，可与下一代演进型

---

① Mamta Agiwal, Abhishek Roy, Navrati Saxena. Next generation 5G wireless networks: A comprehensive survey[J]. IEEE communications surveys & tutorials，2016，18（3）：1617-1655.

NodeB（next generation evolved NodeB，ng-eNB）协同实现 4G/5G 双连接。Xn 和 NG 是 5G 系统架构中的两类关键接口，Xn 接口用于 NG-RAN 节点之间的互联（如 gNB-gNB、gNB-ng-eNB），NG 接口用于 NG-RAN 与 5GC 之间的连接。

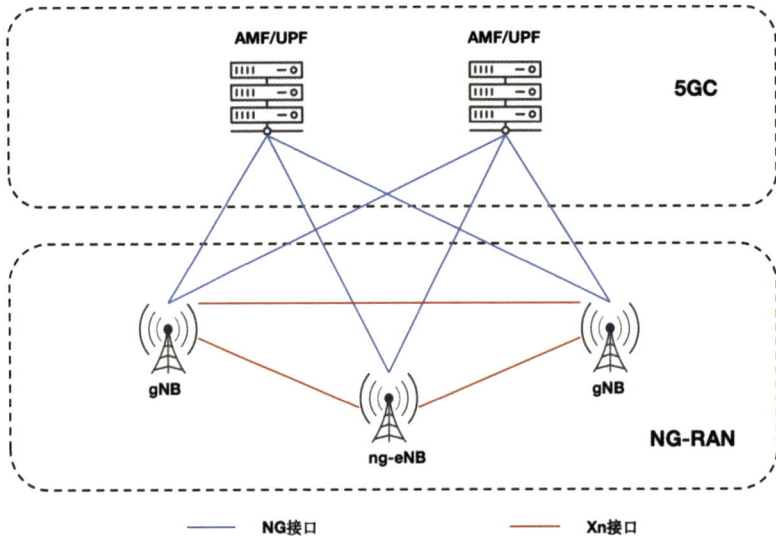

图 1-1　5G 系统架构

5GC 包括控制面网元和用户面网元。为提高网络的灵活性和可扩展性，5G 核心网采用了分离式方案，将控制面和用户面进行独立设计。这个架构称为控制面用户面分离（Control and User Plane Separation，CUPS）。CUPS 架构允许运营商根据需求独立地扩展或升级控制面和用户面的能力，降低了网络的管理和维护成本，使网络更易于配置和优化。

在控制面，接入与移动性管理功能（Access and Mobility Management Function，AMF）和会话管理功能（Session Management Function，SMF）扮演着重要的角色。AMF 主要负责处理用户的接入控制、移动性管理，SMF 则是处理用户会话管理的关键组件。在用户面，用户面功能（User

Plane Function，UPF）是其中的核心组件，负责处理和转发用户数据流。5G 通过引入 UPF，简化了用户面的架构，将原本 LTE 中服务网关（Serving GateWay，SGW）和 PDN 网关（PDN GateWay，PGW）的功能整合得更加灵活、高效[①]。

5G 核心网架构如图 1-2 所示。

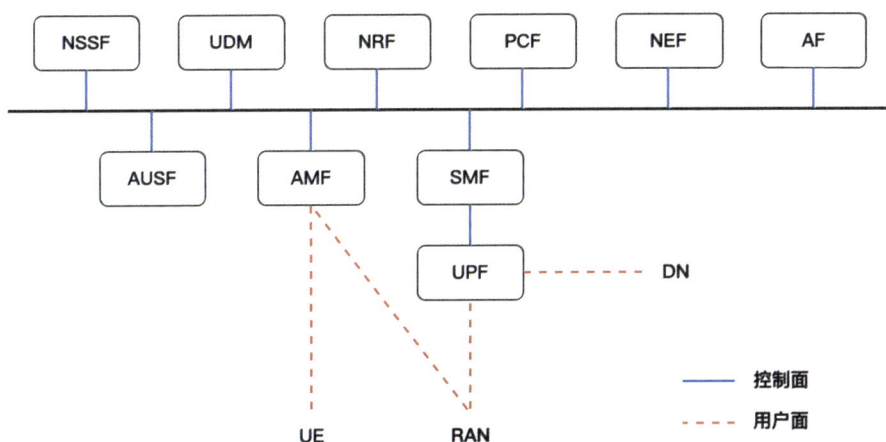

图 1-2　5G 核心网架构

网络切片选择功能（Network Slice Selection Function，NSSF）帮助 AMF 根据不同的使用场景选择合适的网络切片。统一数据管理（Unified Data Management，UDM）负责用户标识、签约数据、鉴权数据的管理及用户的服务网元注册管理。网络存储库功能（Network Repository Function，NRF）负责核心网络的服务发现。策略控制功能（Policy Control Function，PCF）负责在 SMF 收到相关请求时提供策略决定，以供 SMF 套用适当的服务质量（Quality of Service，QoS）保障策略。网络开放功能（Network Exposure Function，NEF）用于转换内外部信息，主要用于边缘计算类场景。

① 王映民. 5G 移动通信系统设计与标准详解 [M]. 北京：人民邮电出版社，2020.

应用功能（Application Function，AF）指应用层的各种服务，可以是运营商内部的应用，也可以是第三方应用（如视频服务器、游戏服务器等）。认证服务器功能（Authentication Server Function，AUSF）实现 3GPP 和非 3GPP 的接入认证。数据网络（Data Network，DN）指运营商、互联网或第三方业务。

NG-RAN 负责把用户终端接入通信网络，采用了集中单元（Centralized Unit，CU）与分布单元（Distributed Unit，DU）分离的部署架构。CU 主要负责处理非实时的无线高层协议栈功能，包括与控制面相关的任务，如无线资源的控制、调度、连接建立等。此外，CU 还支持部分核心网功能的下沉和移动边缘计算业务的部署。DU 专注于处理物理层功能和实时性需求较高的空中接口协议层功能。这包括与用户设备之间的无线物理层通信，如信号的发射、接收、解调等。DU 的主要任务是满足对空中接口通信的高实时性需求，确保快速且可靠的通信连接。CU 和 DU 之间的分工合作使 5G 网络能够兼顾非实时性需求和实时性需求，为多样化的业务提供更加灵活和高效的通信服务[1]。

5GC 和 NG-RAN 是 5G 系统的两个关键组成部分，它们之间的协同工作确保了移动通信系统的正常运行。同时，5GC 和 NG-RAN 仍然遵循各自独立发展的原则，为用户提供灵活、高效、可靠的通信服务。

1.2.3　5G 新技术

5G 的出现标志着通信技术进入新纪元，一系列创新性技术的引入让 5G 系统达到 3 ~ 5 倍于 4G 系统的频谱效率，为未来社会智能化转型打下了坚

---

[1]　吴俊卿，张智群，李保罡，孙韶辉. 5G 系统技术原理与实现 [M]. 北京：人民邮电出版社，2021.

实的基础。接下来将深入探讨这些塑造了高效、灵活、可靠通信网络的新技术。

1. 3D-MIMO

多进多出（Multiple Input Multiple Output，MIMO）技术通过在传输端和接收端配置多个天线单元，进一步提高无线通信系统的性能，其核心原理是通过空间多样性和分集增益来显著改进系统的数据传输速率和可靠性，在有限频谱资源内实现更高的频谱效率。传统 2D-MIMO 专注于水平方向上的多个天线配置，通过在传输端和接收端引入多个水平分布的天线单元，让系统更有效地处理多径传播、抑制信号干扰。2D-MIMO 仅支持水平方向的波束调制，限制了垂直方向的性能优化。3D-MIMO 引入了垂直方向上的多个天线单元，包括水平、垂直和俯仰角度。这一进化使系统具有更多的天线端口，形成更窄、更精准的波束，实现更有效的空间复用。在相同的频谱和时间资源下，系统能够支持更多的用户和数据传输，在降低干扰的同时灵活地适应多样的通信环境。3D-MIMO 通过在多个方向上配置天线单元，能极大地提升接收端的信号质量，具备更强的覆盖能力和更大的系统容量，是 5G 提升频谱效率的关键。

2. MEC

移动边缘计算（Mobile Edge Computing，MEC）技术将云服务中心计算任务转移到更接近用户和设备的移动接入网边缘，大幅减少数据传输延迟，提高服务响应速度。MEC 通过在边缘节点部署具备计算、存储、通信等功能的设备，让无线电接入网具备业务本地化条件，有助于在本地处理敏感数据，同时具备支撑高清视频、工业互联网、虚拟现实（Virtual Reality，VR）、增强现实（Augmented Reality，AR）和车联网（Internet of

Vehicle，IoV）等大带宽、低时延业务的能力。MEC 是信息技术与通信技术相互融合的产物，这个设计理念降低了数据业务对网络回传带宽的要求，显著缓解了核心网负担，进一步提升了终端用户数据服务的带宽和时延性能，成为运营商进行 5G 转型的关键。

3. SDN/NFV

5G 网络架构基于软件定义网络（Software Defined Networking，SDN）和网络功能虚拟化（Network Function Virtualization，NFV）技术，这两者的结合为 5G 网络提供了更大的灵活性和可编程性。SDN/NFV 是一种网络架构的变革，将传统的网络功能从专用硬件中解耦，把网络设备和功能虚拟化为软件模块，支持将网元的功能灵活部署到所需位置，并在通用服务器上运行。这种虚拟化的方式让网络功能独立于底层硬件，以自动化的方式进行网络功能的部署、升级和维护，提供可扩展、经济、高效的网络服务，减少了运维的复杂性。

1.2.4 5G 标准化发展的特点

全球在 5G 标准化方面呈现出以下 4 个显著特点。

第一，全球产业界在 5G 标准化方面展现出强烈的合作共识，形成了对全球通信系统统一标准的共同追求，从 3G 时代的 WCDMA、CDMA2000 及 TD-SCDMA 多元化标准、4G 时代 TD-LTE 和 FDD-LTE 两元化标准，到 5G 时代呈现出了全球统一的标准体系[1]。

第二，全球通信运营商正在加速推进网络架构的云化和虚拟化转型，

---

[1] 斯特凡·罗默（Stefan Rommer）. 5G 核心网：赋能数字化时代 [M]. 北京：机械工业出版社，2020.

这一变革正在深刻重塑 5G 网络的建设与运营模式。通过采用网络功能虚拟化（Network Functions Virtualization，NFV）和软件定义网络（Software Defined Networking，SDN）技术，运营商实现了硬件基础设施与网络功能的解耦，将传统的专用电信设备转变为运行在通用服务器上的虚拟化网络功能（Virtual Network Function，VNF）。这种架构转型赋予了网络前所未有的灵活性，使运营商能够以软件定义的方式快速部署和调整网络功能，大幅缩短新业务上线周期，对构建智能、高效、可持续的 5G 网络体系具有重要意义。

第三，5G 不仅是通信技术的升级，更是通过"连接 + 算力 + 能力"的深度融合重构全球产业的生产力和生产关系。作为新一代信息基础设施，5G 将通信网络从单纯的连接管道转变为集传输、计算、存储、感知于一体的智能化数字底座。随着 R18（5G-Advanced）标准冻结和 6G 研发启动，5G 技术进入增强演进阶段，在时延、能效等关键指标上实现突破，推动从"万物互联"迈向"万物智联"的新纪元。

第四，5G 正与大数据、人工智能、边缘计算等诸多前沿技术融合创新、加速演进。这些技术的协同效应正在形成"1+1>2"的合力。5G 网络为 AI 和大数据提供了高速传输通道，AI 增强了 5G 网络的智能化水平，大数据为 AI 训练和网络优化提供了燃料，边缘计算则解决了集中式处理的时延和带宽瓶颈。这种良性互动推动着整个 ICT 产业向更智能、更高效的方向持续演进。

随着工业互联网的不断完善，5G 标准的制定需要各方通力合作，以开放、透明的标准制定机制，实现全社会的共同参与，推动通信系统的不断创新和升级，在技术和社会层面实现可持续的发展。

1.2.5　5G 的频谱资源

1. 5G 的频率范围 FR1 和 FR2

5G 频谱分为两大域——FR1 和 FR2。FR1 的频率为 450 MHz ~ 6 GHz，又统称为 Sub-6G。Sub-6G 以 3 GHz 为边界分成两类：小于 3 GHz 的频段称为低频段，又称 Sub-3G，主要用于与 LTE 频谱共享及解决 5G 覆盖问题；大于 3 GHz 的频段称为中频段，是 5G 的主频段，该频段以 3.5 GHz 为核心频段，又称 3.5G 频段。FR2 的频率为 24 ~ 52 GHz，称为高频段，是 5G 的扩展频段。随着频率降低，穿透障碍物的能力逐渐增强，网络覆盖能力也同步增强，但相应的带宽减小；反之，随着频率升高，穿透障碍物的能力减弱，带宽增大，数据的承载能力增强。FR1 和 FR2 的特性对比如表 1-1 所示。

表 1-1　FR1 和 FR2 的特性对比

特性	FR1	FR2
频率范围	450 MHz ~ 6 GHz <3 GHz：又称 Sub-3G >3 GHz：以 3.5 GHz 为核心频段，又称 3.5G 频段	24 ~ 52 GHz
特点	穿透障碍物能力强	穿透障碍物能力弱
	网络覆盖能力强	数据承载能力强
	带宽小	带宽大
参数	Sub-3G： 　主要部署 FDD 　小区带宽 20 MHz 　峰值速率 100 Mbps 3.5G： 　只能部署 TDD 　小区带宽 100 MHz 　峰值速率 1 Gbps	只能部署 TDD 小区带宽 400 MHz 峰值速率 10 Gbps

（续表）

特性	FR1	FR2
场景	Sub-3G：覆盖距离大于 1 km，适用于远距离覆盖 3.5G：在覆盖距离和提供的数据速率间取得最佳平衡，覆盖距离小于 1 km	覆盖距离小于 100 m，仅用于近距离覆盖，适用于提升用户速率的场景

2. 5G 频谱的全球部署情况

受全球统筹规划、国家规划及商业市场等多重因素影响，各国家 / 地区和运营商在 5G 频谱资源的配置上有明显差异。这种差异主要体现在频谱的分配、开发及部署方面。截至目前，3.5 GHz 和 24 GHz 附近的频段是 5G 网络部署最集中的区域，38 GHz 和 65 GHz 附近的频谱主要部署在美国。

3. 中国三大运营商的频谱资源

中国移动获得了两个频段，分别是 2515 ~ 2675 MHz（频段号为 n41）和 4800 ~ 4900 MHz（频段号为 n79）。中国联通获得了一个频段，即 3500 ~ 3600 MHz（频段号为 n78）。中国电信获得了一个频段，即 3400 ~ 3500 MHz（频段号为 n78）。

此外，中国广电在 4900 ~ 5000 MHz 频段提供服务，中国移动和中国广电共建 700 MHz 5G 无线网络。

1.3 5G 的应用场景

5G 的持续创新与升级为新应用、新需求的涌现创造了条件，实现了"信息随心至，万物触手及"的愿景。国际电信联盟的无线电通信组

（ITU Radio Communication Sector，ITU-R）发布了 ITU-R M.2083，明确了 5G 的三大典型应用场景：增强型移动宽带（eMBB）、超可靠低时延通信（uRLLC）和海量机器类型通信（mMTC）。

eMBB 的设计目标是提供更高的速率和更大的容量，以满足不断增长的宽带数据需求。用户可以流畅地观看高清和超高清的视频内容，享受更高质量的多媒体体验。在 VR 和 AR 场景下提供足够的速率和容量，支持实时的虚拟会议、虚拟游戏等。除此之外，还支持更快速、高效的大规模文件传输。

uRLLC 适用于对实时性要求极高的场景。在这种场景下，5G 将支持对延迟极敏感的应用落地，如工业机器人的实时控制、无人驾驶汽车的迅速决策、远程手术、医疗监测等，推动了多个行业的智能化和自动化。

mMTC 用于连接大规模的物联网设备，强调大量设备的高连接性和高效能耗。在这个场景中，5G 将支持数以百亿计的设备同时连接，覆盖智能城市、智能家居、农业物联网等诸多领域。

上述三大场景充分展现了 5G 在满足未来多样化业务和场景需求方面的卓越能力，连接数密度可达每平方公里百万级，端到端时延控制在毫秒级别。这样的性能提升满足了移动通信产业的迫切需求，为数字化、智能化社会的蓬勃发展提供了有力支撑。

第 2 章

5G 网联无人机
系统概述

近年来，无人机网联技术成为热点话题，在工业、农业、应急、消防、通信等领域都有应用。通信技术是无人机的关键核心技术之一，对无人机的发展具有决定性的影响，而5G网络也为无人机的飞速发展带来了更多的可能性。

2.1　5G 赋能网联无人机

2.1.1　传统无人机数据链的发展瓶颈

无人机数据链作为实现指挥调度与信息交互的核心环节，是无人机系统中不可或缺的关键部分。随着无人机在多个行业和场景中的深入应用，复杂环境对其数据链的安全性、传输稳定性及环境适应性提出了更严苛的挑战[1][2]。业内每个无人机制造商都使用自建的通信与控制链路控制自己生产的无人机，且各厂商之间的数据链标准、格式和控制距离均不同。这就造成了 3 个问题：第一，数据链对无人机的控制距离有限，无法实现远距离飞行；第二，不能进行超视距的远程飞行控制，且无法满足大带宽、低时延的信息交互的应用场景；第三，每种数据链之间不能互联互通。因此，数据链的问题已严重制约无人机行业的发展，成为亟待攻克的技术难题。

在实际应用中，基于无人机超视距飞行控制的任务需求很多。例如，在多山（隧道）环境或有大型建筑物、路桥等遮挡的环境中进行航空测绘、输变电巡检、石油管道巡检、高速公路巡查、地质勘探、灾害调查、农林植保、航空拍摄、应急消防救援、远程物资投送及建筑物内部的消防作业等。除超视距飞行以外，对能够远航程飞行控制的无人机应用需求也越来越多。此外，赋能行业无人机超视距远程飞行控制能力，也必将极大地拓展行业无人机在各行业的应用场景[3]。

---

① 仵敏娟. 无人机数据链的关键技术研究 [D]. 西北工业大学，2024-08-27.

② 王俊，周树道，程龙，等. 无人机数据链关键技术与发展趋势 [J]. 飞航导弹，2011（3）：4.

③ 王波，巫晨云，杨晓露. 无人机应用难点分析及解决方案 [J]. 通信与信息技术，2024（1）：110-112.

2.1.2　5G 赋能无人机

怎样才能突破以上技术瓶颈，实现超视距远程飞行控制，从而使无人机按照用户的需求完成既定任务呢？用 5G 网络替代传统无人机厂商自建的通信与控制链路，即将 5G 网络的无线电网络信号作为无人机的通信与控制链路，就是一个很好的方法。5G 网络具有大带宽、低时延的特性，以统一标准的 5G 信号作为无人机的控制链路，既能满足实时的操控性，又能将对带宽要求很高的大量数据及视频信息回传到既定目标，很好地满足以上特定场景的应用。

众所周知，5G 网络具备高带宽、低延迟和大连接的优势，可显著提升数据传输的效率与安全性。对于无人机系统而言，实现更快速、更可靠的通信是推动其功能升级的关键因素。借助 5G 的发展，无人机的智能化水平得以不断提升，其应用深度也随之扩展。例如，在 5G 网络环境下，远程超视距操控及高清视频数据的实时回传与处理变得可行，突破了传统无人机在控制范围和数据处理速度方面的限制，有效应对了高清视频传输中存在的带宽不足、传输延迟大、实时性差等技术瓶颈。基于 5G 网络的超视距智能网联飞行控制技术，可以突破传统资源调度瓶颈，提升在不同网络环境下的信息传输效率，以及跨领域应用价值和智能化水平。

因此，以 5G 网络为核心，整合应用、空管和飞控技术，为融入 5G 网络的无人机提供可靠的低空通信保障，从而实现更精准的控制，是一个重要的研究和发展方向。

2.1.3　5G 网联无人机系统的定义

所谓 5G 网联无人机系统，是指借助 5G 网络完成通信和控制任务的无人机类型。与传统依赖厂商自建私有通信链路的方式不同，5G 网联无人机系统通过搭载专用的 5G 智能通信终端，直接接入运营商的 5G 网络。在此基础上，借助无人机云平台，可实现远距离、超视距的飞行控制及高清视频数据的实时传输与处理功能。

通过 5G 网络，不仅能突破传统无人机在控制距离上的限制，实现超视距远程飞行控制，而且从理论上讲，在地球上任何有 5G 网络覆盖的区域都可以对无人机进行操控。同时，5G 网络的大带宽特性还支持将无人机载荷收集的高清视频和数据信息实时回传，从而提升数据传输效率和实时性。

2.2　5G 网联无人机系统的技术特点及工作原理

5G 网联无人机系统的核心技术是用 5G 网络替代传统无人机厂商自建的通信与控制链路，实现了对无人机的超视距远程飞行控制，并实现了交互信息的大带宽、高速率、低时延的实时传输和处理。2019 年 3 月，中国移动（成都）产业研究院（以下简称"成研院"）在全球首次实现了在成规模、多站点、连续 5G 网络覆盖的条件下，通过 5G 网络的无线基站信号代替传统飞行控制信号，完成无人机飞行控制，并实现高清数据图像的同步实时传输。

2.2.1　云、网、端核心技术体系的构成

用 5G 网络代替无人机厂商自建的通信与控制链路，不可或缺的便是基于 5G 的网联无人机云、网、端核心技术体系。该体系主要由以下 3 部分

构成。

1. 5G 网联无人机系统管理运营云平台

5G 网联无人机系统管理运营云平台以"5G+AI"为核心，以云网融合为特色，实现无人机实时超视距远程精准飞行控制与监管，提升内业数据存储和计算服务能力，构建无人机行业创新开放使能平台，创新性地研发智慧飞行控制、智能低时延资源调度、实时智能数据采集分析 3 项关键技术。

2. 覆盖无人机飞行空域的 5G 网络

针对无人机飞行空域覆盖的 5G 网络，可以利用其作为无人机的通信与控制链路，进而控制无人机飞行并实现实时信息交互。5G 网络可以在不影响地面通信且不增加大量成本的前提下为无人机提供稳定可靠的接入，进而为网联无人机的实时超高清图像传输、远程低时延控制等关键功能，以及海量数据处理能力，提供必要的网络资源保障。

3. 5G 网联无人机系统机载专用智能终端

5G 网联无人机系统机载专用智能终端创新性地将人工智能（AI）与 5G 技术结合，实现了低时延的无人机网联控制、大带宽的无人机载荷数据传输及智能辅助飞行服务。通过该终端，无人机可以接入 5G 网络，利用 5G 网络超低时延和大带宽特性，实现端到端网联无人机远程控制，并将高清图像、视频等信息回传至管理运营云平台。

2.2.2 云、网、端核心技术体系的特点及工作原理

5G 网联无人机系统云、网、端核心技术体系的特点及工作原理如图 2-1

所示。

图 2-1　云、网、端核心技术体系的特点及工作原理

利用 5G 网络作为无人机的通信与控制链路，5G 网联无人机系统机载专用智能终端（哈勃一号）能够接收 5G 网络的无线电信号，将无人机接入 5G 基站，并通过 5G 基站接入 5G 核心网。机载专用智能终端能够采集无人机的飞行数据和图像传输信息等上行数据，经过视频编码和 AI 处理后，通过 5G 网络传输到基站，再由基站上传到 5G 核心网，最终传输到无人机管理运营云平台（中移凌云）。云平台不仅可以对数据做存储、处理和展示，还可以支持使用者通过云平台下发指令，如起飞、降落、航线规划和自动返航等，实现对无人机的飞行控制，从而完成预定的任务目标。

在实际应用中，考虑到投资成本，全球任何一个电信运营商都不可能建设两张 5G 网络，一张服务普通用户打电话，另一张覆盖无人机的飞行空域。但是，成研院的相关研究证明，中国移动已建成的这张服务陆地普通用户的 5G 网络通过波束优化、参数配置、分层组网等手段，完全可以实现低空无线网络连续覆盖，并大幅改善空中信号干扰问题，满足了网联无人机低时延、大带宽和高可靠的应用需求。5G 网联无人机系统机载专用智能终端的作用是接收 5G 信号，将无人机接入 5G 网络。5G 网联无人机系统管理运营云平台下发飞行控制指令，控制无人机起飞、降落、完成既定的作业任务。而且，该平台是一个可以面向飞行监管用户、无人机设备厂商和垂直行业用户的端到端管理运营平台，以超视距远程飞行控制为核心，可控制多类型、高量级无人机集群。

在云、网、端核心技术体系中，飞行控制系统简称"飞控"，是 5G 网联无人机系统管理运营云平台的核心组件，可视为无人机的"中枢神经"或"大脑"。飞行中的诸如起降、悬停、姿态变化等动作，均依赖多种传感器实时采集无人机状态信息并反馈给飞控。随后，飞控通过计算与判断生成控制指令并传递给执行单元，完成具体的动作调节与姿态控制。作为整个系统的指挥调度中心，飞控不仅下发飞行指令，还需实时处理各模块上传的数据，维持系统稳定运行。

这种控制机制与人类大脑协调身体的方式类似：大脑下达动作指令，接收来自感官的反馈信息，并据此进行再次决策。例如，大脑命令手去拿水，当触觉感知水温过高时，信息反馈至大脑，大脑再调整指令做出反应。同理，5G 网联无人机系统通过"云—网—端"一体化架构，实现低时延、高可靠的数据传输，使超视距远程操控成为可能。基于此构建的云端"智能大脑"不仅提升了飞行控制的精度与灵活性，也为无人机在复杂应用场景中拓展了更多智能化可能。

5G 网联无人机系统的云、网、端核心技术体系创新性地应用了相关的 5G 核心技术，如大规模天线阵列（Massive MIMO）、波束赋形（Beam Forming）、网络切片（Network Slicing）、移动边缘计算（MEC）等，可以满足网联无人机低时延、大带宽和高可靠的应用需求。基于此通信链路，通过 5G 网联无人机系统管理运营云平台便能实现对无人机的超视距远程飞行控制和高清数据视频的实时回传与处理，完成流媒体服务及飞行服务、内业处理等诸多功能应用。此外，该体系还创新性地应用基于 5G 网联无人机系统机载终端的视频智能自适应编码（ANI-VAC）技术，保障了复杂网络状况下数据的稳定传输。该技术成果突破了传统无人机飞控数据链路控制距离有限、视频及数据传输带宽窄的瓶颈，实现了多类型无人机之间的高效互联互通和信息交互。

综上所述，依托 5G 网联无人机系统在云、网、端层面的核心技术优势，如大带宽、低延迟、高精度、广域覆盖与高度安全性，不仅有助于弥补传统无人机在性能上的不足，还能拓展其在各类复杂场景下的应用空间，更好地响应多样化的用户需求。

2.3　5G 网联无人机系统的应用

无人机的 5G 网联作为一种通用能力，将面向应急、公安、交通、工业能源、农业、文旅、民航等领域推广应用，广泛服务各行各业。以下将针对多个领域，阐述 5G 网联无人机系统在不同场景中的作用与价值。

1. 应急救援

5G 网联无人机系统在应急救援领域的价值主要体现在通信方面。各种重大灾害的发生往往伴随着通信的中断，从而加大搜救的难度，也影响灾区的正常生活。过去，针对这种情况普遍采用通信车的方式，但这种方式对地形、交通的依赖性较大，且覆盖高度超范围会导致通信保障与服务能力受限。

5G 网联无人机系统的应用对改善这种局面具有显著作用。利用系留无人机平台搭载 5G 通信设备,不仅有效弥补了常规多旋翼无人机在续航时间、载荷能力和飞行稳定性方面的不足,能够提供持续、可靠的应急通信支持,而且相比传统通信车辆,其信号覆盖范围更广,部署灵活性也更强。

2. 物流运输

与传统的航空及通用航空运输方式相比,无人机在物流领域展现出低成本、调度灵活等显著优势,有望弥补现阶段航空运力的不足。由于运输成本相对较低,加上无人操作的特性,无人机有助于推动机场在建设与运营管理中的资源集约化,同时减少对飞行员及机组人员的依赖,提升调度效率。此外,对于偏远山区或江河湖海等交通条件不便的区域,无人机运输也展现出较高的适应性与实用性,成为传统陆路和水路运输的有效补充[①]。

在科学规划的基础上,通过综合应用 5G 无线网络与无人机、机器人等先进技术,可以实现产能协同与运力优化的目标。在电商、新零售和本地服务多样化等需求不断增长的情况下,物流能力和服务水平必须跟上。企业要用互联网、5G 和大数据优化网络及运力,提高货运组织水平,要合理使用机器人进行分拣和搬运作业,要合理使用无人机提升送货效率和物流服务能力。

在某些环境和条件下,只有 5G 网联无人机系统才能完成高效通信与及时运输的结合,这是其他方式无法替代的。例如,当人员或生命体在高层建筑、山区、江河湖海等特定位置遇险,急需紧急救援物资时,5G 网联无人机系统可以在保障通信的同时实现极为高效、精准的投递。当然,有些

---

① 宋杭宇. 论述物流无人机技术和发展趋势 [J]. 中国战略新兴产业,2018(3X):2.

情况下也可以使用有人驾驶直升机，但使用无人机更灵活、更便捷，适应性更强，成本也更低。

3. 城市管理

城市管理精细化程度的提升，要求城市日常管理方法不断推陈出新，探索新的高效的管理手段是大势所需[①]。

在执行城市管理任务时，5G 网联无人机系统的优势在于其机动性强且可以超视距实时控制。5G 网联无人机系统可根据需要加载所需的设备，如高清摄像头、高音喇叭等，当城市中出现紧急情况时可根据需要随时起飞。5G 网联的特性使无人机拍摄的照片和视频可以实时回传，从而帮助地面控制人员实时掌握信息，并根据掌握的信息控制和调整 5G 网联无人机系统的飞行状态和路径。

将 5G 网联无人机系统用于日常考核、巡查，标志着城市管理在科学、高效的道路上又向前迈进了一步。

4. 农林植保

5G 网联无人机系统对农林植保也具有重要意义，其主要作用在于作物识别、信息监测等。

在作物识别领域，5G 网联无人机系统能够精准检测出苗率与作物密度，并对选定的测量点进行多光谱图像采集，实时将数据传回。经过校准、标定与处理后，数据平台能有效区分作物与周围的植被。随后，每平方米的作物密度将被计算并生成相应的密度图，帮助根据早期作物的产量潜力、营养状态、长势与密度进行科学管理。

---

① 胡碧滢，罗嘉玲. 小型旋翼无人机在城市管理中的应用方式 [J]. 科技创新与应用，2016（21）：1.

在农田信息监测方面，5G 网联无人机系统主要依赖遥感技术，通过航拍大面积农田和土地，全面获取作物的生长环境、生长周期等关键数据。这些航拍图像和视频资料有助于有效防治作物的病虫害及杂草，提升农田管理的精准度与效率。相比传统监测手段，5G 网联无人机系统在监测范围、实时性和准确性上具有显著优势。

此外，5G 网联无人机系统在农林植保中的应用还具有高效、低成本和管理便捷的特点，对推动农业现代化生产和发展具有重要意义。

5. 地理测绘

测绘作为基础性行业，广泛应用于从大比例地形图到铁路、公路网络的布局，甚至互联网地图等多个领域。在国防、能源、农业、水利水电、城市规划、土地管理等方面，测绘工作都扮演着不可或缺的角色[①]。

随着科学技术的迅猛发展，5G 网联无人机系统正逐步成为测绘行业的重要工具。通过 5G 网联无人机系统的低空摄影，测绘系统能够迅速获取高清影像数据，并生成三维点云和模型，快速获取地理信息。此外，5G 网联无人机系统在测绘中的应用具有高效、低成本、灵活操作和高数据精度等优势，能够满足不同的测绘需求，大幅减少传统野外测绘工作的劳动强度，显著提升了经济效益。

堆体测量技术的应用范围也十分广泛，涉及矿山、火电厂、建筑施工过程中的土堆和沙堆计量，港口码头的散装货物估算，以及粮仓中的粮堆测量等。目前，堆体测量仍主要依赖全站仪、GPS 等传统仪器，尽管这些技术已取得显著进展，但 5G 网联无人机系统的高效与高精度测量方法正逐渐成为主流。通过预设航线，5G 网联无人机系统能够在作业区域上空自动

---

① 王维佳. 无人机航测在地理测绘中的应用分析 [J]. 建筑工程技术与设计，2018.

采集数据，并一键生成点云和三维模型，支持空间距离、体积及斜面等不规则堆体的面积测量，为工程建设和生产作业提供精确的数值支持[①]。

综上所述，围绕 5G 网联无人机系统等方面开展的多项科技创新与应用技术研究，在应急、交通、公安、工业、能源、农业等国家重点行业都取得了应用成果，不仅进一步推进了我国现代化建设，还提升了应急体系响应能力和速度，同时赋能交通行业，开启了智慧交通新模式，助力城市管理提高了综合治理水平。此外，上述成果也在各领域充分发挥乘数效应，助力质量变革、效率变革和动力变革，提升应急、交通、公安、农林等行业网络化、数字化、智能化水平，推动产业转型，为行业带来可观的经济效益。

[①] 严晓东，侯陈翔. 工业无人机在堆体测量中的应用 [J]. 数字化用户，2021（29）：97-99.

第 3 章

5G 网联无人机
系统管理运营
云平台

本章将介绍 5G 网联无人机系统的云、网、端关键技术。作为技术体系核心之一的云，即 5G 网联无人机系统管理运营云平台，以"5G+AI"为核心，围绕智慧飞行控制中心、智能内业处理和实时数据采集与智能分析 3 个方面，对传统无人机的飞控及通信领域进行了颠覆性的创新。这样不仅可以突破用自建数据链路控制无人机飞行距离有限的瓶颈，而且可以解决大量高清视频等数据处理速率低、带宽窄、实时性差等技术难题。

3.1　5G 网联无人机系统管理运营云平台的概念及架构

3.1.1　云计算与云平台的概念

云计算是一种分布式计算方式，通过网络"云"将庞大的数据处理任务拆解成多个小程序，利用多台服务器协同处理这些小程序并进行分析，最终将结果返回给用户。之所以称为"云计算"，是因为它具备类似云的特点：云通常庞大且规模可动态调整，边界不明确；云飘浮在空中，具体位置不固定，但它确实存在。

最初，云计算实际上就是一种简单的分布式计算，主要解决任务的分发和结果的合并问题。凭借这项技术，能够在极短的时间内（通常是几秒）处理海量数据，进而提供强大的网络服务[①]。

根据服务类型的不同，云计算通常分为 3 种：基础设施即服务（Infrastructure as a Service，IaaS）、平台即服务（Platform as a Service，PaaS）和软件即服务（Software as a Service，SaaS）。

IaaS 通过将硬件设备等基础资源打包为服务提供给用户。在 IaaS 环境中，用户可以像使用裸机和磁盘一样自由选择操作系统（如 Windows 或 Linux）。IaaS 的最大优势在于用户能够按需动态申请或释放资源，并且根据实际使用量计费。由于 IaaS 是公众共享的，因此资源利用率更高。

PaaS 为用户提供运行应用程序的环境。例如，Google App Engine 就是一个典型的 PaaS 平台。PaaS 自动管理资源的扩展和故障恢复，简化了用户的应用程序开发和运维工作，避免了节点协调的复杂性。然而，这种便利性也意味着用户的操作自由度受到一定的限制，必须依赖特定的编程环境

---

① 刘越. 云计算综述与移动云计算的应用研究 [J]. 信息通信技术，2010（2）：14-20.

和模型。因此，PaaS 更适合特定类型的计算任务。

SaaS 则更加专注，它将特定应用程序的功能提供为服务。与 PaaS 和 IaaS 不同，SaaS 不提供计算或存储资源的服务，也不为用户提供自定义应用程序运行环境，而是提供专门用途的服务，供其他应用调用[1][2]。

云计算由 4 个基本组成部分构成：云平台、云存储、云终端和云安全。云平台可视为一个互联网中的扩展性平台，向用户提供基础服务、数据、软件、中间件等服务。云平台主要分为 3 种类型：公有云、私有云和混合云。

公有云是指将虚拟化和云化软件部署在云计算供应商的数据中心，用户无需投入硬件，只需登录账户即可访问和使用。私有云则是专门为某个客户构建并供其独享的云平台，通常具有更高的数据安全性和服务质量，但需要企业自行搭建基础设施。混合云则结合了公有云和私有云的特点，企业可以根据需求在两者之间灵活选择。

近年来，混合云作为云计算的主要发展模式，逐渐受到企业青睐。由于安全原因，许多企业倾向于将敏感数据存储在私有云中，同时希望能够利用公有云的计算资源。混合云通过将两者结合，实现了成本节约与安全保障的双重优势，成为一种个性化、高效的解决方案[3]。

5G 网联无人机系统管理运营云平台是针对传统无人机无法泛在实时传输和处理高清视频数据这个难题而设计的云平台，3.1.3 节将以中国移动（成都）产业研究院的 5G 网联无人机系统管理运营云平台中移凌云为例，详细阐述该平台的概念及架构。

---

① 陈宫，牛秦洲. 基于云计算的数字图书馆信息服务平台 [J]. 情报科学，2012，30（5）：5.
② 王竹芳. 基于云计算的数据安全风险及防范策略探讨 [J]. 网络安全技术与应用，2014（10）：2.
③ 吴清烈，郭昱，武忠. 云计算服务与大规模定制模式应用 [J]. 电信科学，2010（9）：5.

3.1.2　国内外 5G 网联无人机系统管理运营云平台的发展现状

随着 5G 的快速发展，无人机与 5G 网络的结合程度日益加深，其飞行速度、飞行距离和通信方式都发生了质的飞跃，对无人机管理运营能力提出了更高的要求。例如，5G 网络可以实现无人机之间的协同飞行、无人机与地面控制系统之间的协同飞行、无人机与地面监控平台之间的协同飞行、无人机与云平台之间的协同飞行等。

5G 网络的传输速率高、时延低，可以满足无人机实时传输飞控数据和图像数据的需求，有效解决了无人机通信定位、识别与追踪等问题，从而实现了对无人机飞行轨迹进行实时跟踪、控制和调度，为 5G 网联无人机系统的管理运营提供了有力支撑。

目前，在美国、日本、欧洲等国家和地区，5G 网联无人机系统管理运营云平台已相继建立，主要功能包括飞行空域划设、空域使用申请、飞行计划申请等，无人机管理机构可通过云平台向用户提供实时的飞行信息和作业数据[①]。同时，随着 5G 的快速发展及北斗系统的进一步完善，我国也在积极开展网联无人机管理运营云平台的相关技术研究。

美国联邦航空管理局（Federal Aviation Administration，FAA）通过调整现有空域规则，积极探索无人机在公共交通、农业和工业等领域的应用。2014 年，FAA 通过了《航空技术管理与空域使用法案》，允许无人机在指定的空域飞行。2016 年，FAA 又推出了《无人机运营商法案》，允许无人机在公共交通、农业和工业领域进行商业飞行。2019 年 1 月，FAA 发布《通用航空行动计划》。在该计划中，FAA 提出了"无人机行动计划"的实施计划，以更好地管理空域使用情况和安全飞行。

---

① 史超，单连平，石风江. 军用飞行器低空突防航路规划算法分析 [J]. 舰船电子工程，2009（9）：5.

欧洲各国家和地区的无人机管理机构也纷纷出台相关政策，鼓励并支持相关企业建设 5G 网联无人机系统管理运营云平台。例如，西班牙政府发布了《无人驾驶飞机运行的安全和效率》，鼓励无人驾驶飞机的运行，并计划建立一种 5G 网联无人机系统管理运营云平台，提供空中交通管制、应急救援、紧急事件响应等服务。

目前，我国无人机管理机构正在积极开展相关技术研究，也有不少企业和科研院所参与其中。但是，由于无人机产业在我国仍处于起步阶段，相关标准规范尚不完善，无人机管理机构缺乏有效的监管手段，各地区的无人机管理机构之间缺少交流合作，且传统无人机无法泛在实时传输和处理高清视频数据。这些问题都在一定程度上制约了我国 5G 网联无人机系统管理运营云平台的建设与发展。

针对上述问题，中国移动（成都）产业研究院自主研发了 5G 网联无人机系统管理运营云平台中移凌云。

3.1.3 中移凌云的概念及架构

中移凌云是中国移动（成都）产业研究院自主研发的以"5G+AI"为核心、以云网融合为特色的无人机行业创新开放使能平台。该平台可以实现无人机实时超视距远程精准飞行控制与监管，提升内业数据存储和计算服务能力。平台创新性地研发了智慧飞行控制、智能低时延通信、实时智能数据采集与智能分析等多项关键技术，实现了对无人机信息资源的统一组织、管理和控制。

中移凌云采用微服务化的系统架构设计方案，实现了各业务组件之间的解耦合，集成网关服务，实现了用户访问鉴权。借助 Jenkins 工具，中移凌云团队编写了自定义的 Pipeline，实现了 Git 仓库、Jenkins 自动化构建服务器与 Kubernetes 容器平台的无缝集成，构建了完整的持续集成/持续交付（CI/CD）流程。这个流程不仅提升了开发与部署的效率，还实现了开发与运维的一体化。

在生产环境中，中移凌云团队使用自定义的 Kubernetes 集群实现了所有业务应用的容器化部署。该方案具备自动化部署、大规模可伸缩、负载均衡、高可用性、可监控性及跨公有云和私有云的可移植性等优秀特性，能够满足中移凌云平台的复杂需求。

此外，中移凌云团队还利用 Helm 工具编写了适用于不同租户环境的自动化部署 charts 文件，实现了中移凌云平台的一键式部署，从而进一步提升了用户的交付能力。

中移凌云平台的逻辑架构如图 3-1 所示。

整个平台从业务逻辑上分为基础层、处理层和应用层。各层之间通过业务与数据进行交互，以确保平台整体的正常运转。

基础层包含运行环境和数据引接两个功能领域。其中，运行环境承担云平台 IaaS 职责，为整个平台的运行提供网络、存储、计算、操作系统、地理信息系统（Geographic Information System，GIS）、安全等基础能力；数据引接为平台提供开放数据能力，可支持与不同的第三方系统进行数据交互，可集成相关数据到平台或成为数据提供方。

处理层包含数据产品和处理系统两个功能领域。其中，数据产品包含对无人机相关业务在平台产生的数据进行管理和处理，包含飞行过程中无人机的态势数据、对应载荷状态数据、载荷实时采集的业务数据，以及无人机飞行所涉及的空域状态、空域流量和空域占用情况、飞行阶段的气象数据等。系统对这些数据进行分类、存储、统计、处理和分析，支撑业务

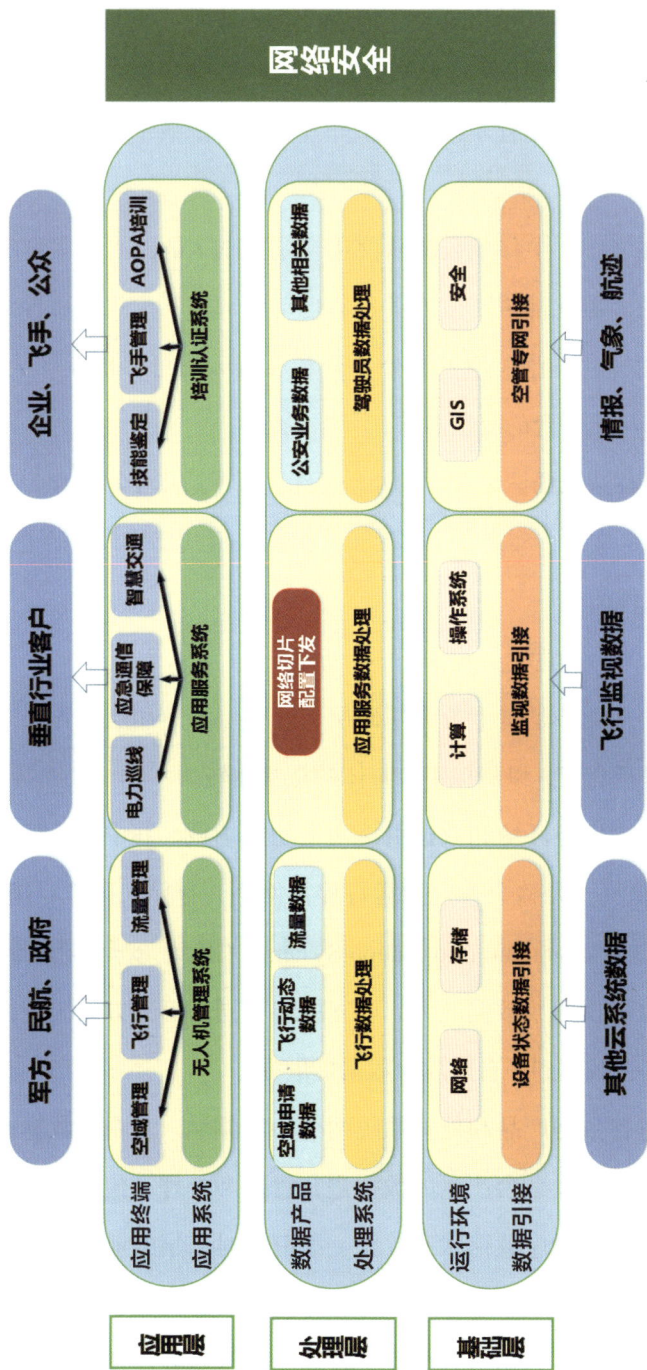

图 3-1 中移凌云平台的逻辑架构

价值挖掘和飞行过程回溯等需求。

应用层聚集面向不同用户类型的差异化服务。监管类应用需求聚焦无人机的可管、可控，终端用户主要面向政府部门和运营类企事业单位。对于行业用户应用需求，平台主要聚焦多类型细分领域，如电力巡检、应急通信、智慧交通等，提供有针对性的数据分析处理能力。

面向无人机厂商和飞手用户时，平台提供技能鉴定、飞手培训和管理等服务。通过应用层服务，可以将传统的"无人机＋飞手"形式转换为无人机自主飞行、自主数据采集和分析报告自动生成，真正做到 5G 网联无人机智能化、集群化。

3.2　中移凌云平台的核心技术

基于 5G 网络，中移凌云创新性地结合人工智能、原生云、时空大数据库、数据挖掘与分析及边缘计算等关键技术，实现了智能低空飞行控制管理、AI 辅助飞行、视频编解码及视频流调度、低空态势感知、智能航线规划管理等核心功能。通过这些技术，该系统支持分布式、弹性部署、可自愈和云网融合的无人机行业云原生服务，构建了具备智慧飞行控制中心、智能低时延通信及实时数据采集与智能分析三大核心技术能力的综合平台，从而推动云、网、端的智能协同。

3.2.1　智能飞行控制中心

智能飞行控制基于"5G 核心网＋互联网"架构，融合卫星、4G/5G、私有数据链等多种通信模式，并结合 AI 技术在飞行控制和数据通信中的应用，构建了一个覆盖全球立体空间的智慧飞行控制中心。

1. 云边端协同

5G 网络和云边端协同技术使计算服务能够按需动态部署到合适的节点，并在中移凌云的统一协同管理下使每个节点的能力得到充分发挥。端侧部署高实时性轻量级计算应用，边侧部署高实时性大算力应用，云端部署大算力海量数据应用。同时，边端应用可根据需要由云系统统一动态部署，从而完成多层次、智能化、按需调度的智能飞行服务。

云边端协同的优势在于可以结合网络质量指标、算力资源分布及使用情况，在各个节点之间按需分配并灵活调度计算资源、存储资源及网络资源，从而实现数据与算力的均衡连接、高效协同和弹性扩展。在实际应用中，云边端协同可以基于场景类型与算力分布，按需建立从数据到算力间的连接，从单个处理器的多核算力均衡扩展至多台服务器间的多机算力均衡，实现全局算力协同供应。同时，这样的方式也支持根据网络、数据、算力情况动态调整扩展策略。

2. 航路规划

无人机航路规划是指在特定的约束条件下，寻找一条从起点到目标点的最优或可行路径，同时满足无人机的性能要求。其核心问题是如何在多重约束条件下，针对多个目标函数求最优解。规划出符合任务需求、导航要求及安全性等限制的航路，对于提升无人机的系统性能至关重要。

根据任务环境的不同，以及环境模型是否实时更新，航路规划可分为静态全局航路规划和实时局部航路规划。静态全局航路规划是在已知的飞行环境信息下，离线进行路径设计，规划出的最优航线会在无人机起飞前加载到系统中，飞行时无人机会沿着预定路径自动飞行。由于这个过程不需要实时反应，且可以采用多种规划算法，因此对实时性的要求较低[1][2]。

实时局部航路规划传感器收集环境变化的信息，并在规定时间内对航路进行动态调整。这类规划对实时性的要求极为严格，是提高无人机生存率的重要手段。

航路规划算法主要可分为传统经典算法和现代智能算法两大类。传统经典算法包括动态规划、导数相关方法和最优控制法，现代智能算法包括启发式算法、遗传算法、人工神经网络，以及群体智能算法（如蚁群算法、粒子群算法、蜂群算法）等。在本文中，动态规划算法被归为传统经典算法，其他算法则归属于现代智能算法。这些算法的核心目标是解决在大范围航路规划过程中，如何应对巨大的信息存储需求和全局最优解之间的冲突。这个领域依然面临着许多尚未解决的挑战。

（1）动态规划算法

动态规划是一种用于处理分阶段决策问题的数学优化技术。在无人机航路规划中，应用该方法时需要将航路图分割为多个相互连接的阶段，最终指向目标点。每个阶段的航路代价由特定的评估函数确定，并通过分阶段决策规则寻找最佳路径。这种方法在无人机执行高空任务并面临单一威胁时显示出良好的效果[3]。

在航线的动态规划过程中，路径被划分为多个阶段，每个阶段都需要做出决策。假设在第 k 阶段，状态变量 $x(k)$ 已知，那么一旦决策变量 $u(k)$ 确定，

① 周彬彬，王学伟，曾毅. 无人机航路规划问题初步研究 [J]. 中国西部科技，2011，10（4）：3.

② 严建林，李春涛，YANJian-lin，等. 无人机航路规划技术研究进展 [J]. 航空计算技术，2007，37（5）：4.

③ 安柏义，曹云峰. 基于动态规划的无人机航路优化问题研究 [J]. 计算机测量与控制，2008，16（8）：4.

第 k+1 阶段的状态变量 $x(k+1)$ 也会随之确定，即 $x(k+1)$ 的值由 $x(k)$ 和 $u(k)$ 共同决定。这种关系可以表示为 $x(k+1)=T_k(x(k),u(k))$，这就是状态转移方程。作为航线规划过程的核心，最优策略必须满足：在每个决策阶段，所有候选路径都应包含全局最优路径，并且通过多次迭代最终收敛到最优策略。

（2）启发式算法

启发式算法通过应用特定的启发式规则寻找问题的一个最优解或近似最优解。这种方法在解决问题时通常具有较高的效率，但每个问题都需要设计独特的启发式规则，缺乏通用性。启发式算法的经典例子包括 A* 算法及其各种改进版本。A* 算法通过利用问题的启发信息引导搜索，从而减少搜索空间并降低问题的复杂性，如图 3-2 所示。

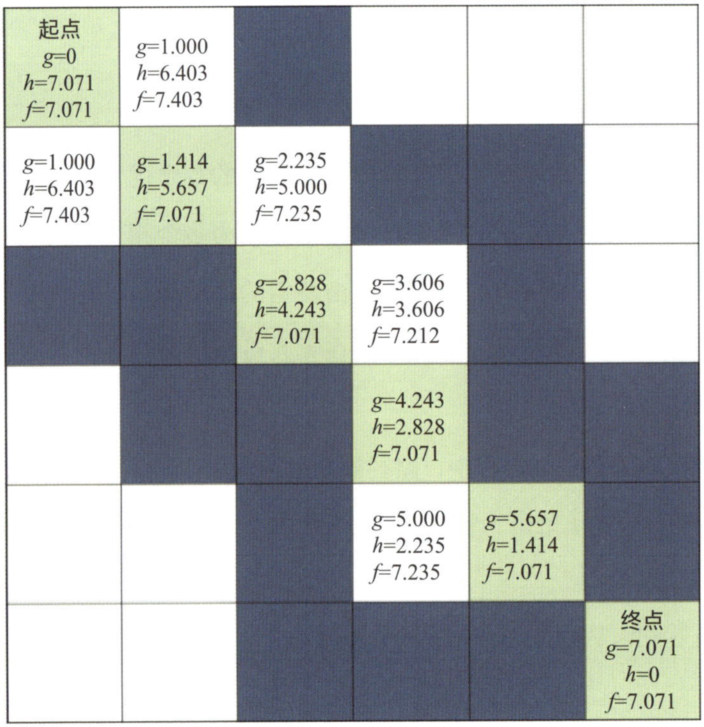

图 3-2　A* 算法搜索最优路径

在无人机航路规划问题应用中,启发式项采用当前节点与目标节点的欧几里得距离①,这样可以获得较好的效果。启发式项如果在小于实际耗费值的条件下尽量接近实际值,将有助于提高搜索效率。传统的 A* 算法存在搜索速度较慢和高内存消耗的缺点。

使用 A* 算法进行无人机航路规划的公式表示为 $f(n)=g^*(n)+h^*(n)$,其中,$f^*(n)$ 表示从初始状态到目标状态的最小代价估计,$g^*(n)$ 为从初始状态到当前状态 n 的最小代价,$h^*(n)$ 是从状态 n 到目标状态的最小估计代价。在路径搜索问题中,状态相当于节点,代价对应于距离。选取真实的 $h(n)$ 值时,首先要保证能找到最短路径(即最优解)。关键在于估值函数 $f(n)$ 的选择(或 $h(n)$ 的选择)。若将 $h(n)$ 表示为从状态 n 到目标状态的估计距离,$h(n)$ 的选择可分为 3 种情况:如果 $h(n)<h^*(n)$,则搜索点数多,搜索范围大,效率低,但能够获得最优解;如果 $h(n)=h^*(n)$,搜索效率最高;如果 $h(n)>h^*(n)$,搜索点数少,范围小,效率高,但不能确保找到最优解。②

(3)遗传算法

遗传算法是一种模拟自然界生物进化过程的随机全局搜索和优化方法,具备较强的健壮性,适用于解决复杂系统的优化问题。其核心原理是通过概率转换规则引导搜索过程,利用染色体的复制、交叉和变异产生新个体,并评估这些个体的表现,从而筛选出符合要求的最优个体③。

遗传算法的基本运算过程如下。

---

① 欧几里得距离一般指欧几里得度量。在数学中,欧几里得距离或欧几里得度量是欧几里得空间中两点间的直线距离。

② 马向玲,陈旭,雷宇曜. 基于数据链的无人机航路规划 A* 算法研究 [J]. 电光与控制,2009,16(12):15-17,21.

③ 茂世豪,王慧琴,廖勇,等. 基于遗传算法优化的图像水印嵌入技术研究 [J]. 电脑知识与技术,2011(4X):3.

● **初始化**：设定进化代数计数器 $t=0$，最大进化代数为 T，随机生成 M 个个体作为初始群体 $P(0)$。

● **个体评价**：计算群体 $P(t)$ 中每个个体的适应度。

● **选择运算**：通过选择算子作用于群体，以将适应度较高的个体遗传到下一代，或通过交叉产生新个体后再进行遗传。选择操作基于个体的适应度评估。

● **交叉运算**：应用交叉算子，这是遗传算法中的核心操作。

● **变异运算**：运用变异算子对群体中的个体基因进行改变。经过选择、交叉和变异操作后，群体 $P(t)$ 进化为下一代 $P(t+1)$。

● **终止条件判断**：若 $t=T$，则以适应度最高的个体作为最优解输出，终止计算。

尽管遗传算法具有很多优点，但在无人机航路规划中，由于时间和计算资源的限制，可能会出现早熟现象，导致无法找到全局最优解。为了解决此问题，尤里斯·瓦格纳（Juris Vagners）等提出了多种群并行计算和竞争选优的策略。此外，遗传算法的群体编码方式也至关重要。米哈列维奇（Michalewicz）等人的研究表明，浮点数编码在 CPU 计算时间上比二进制编码更高效。初始群体的选择应具备多样性，以确保规划空间中的每个个体都有机会参与进化。郑长文（Changwen Zheng）等通过导航点坐标信息及一个校验位对航路进行实值编码，并结合航路约束条件与评价函数对群体进行分析，使用自定义的遗传算子取得了较好的结果[1]。

（4）蚁群算法

蚁群算法是一种模拟自然界蚁群集体觅食行为的群体智能优化算法，

---

① 马云红，周德云. 基于遗传算法的无人机航路规划 [J]. 电光与控制，2005，12（5）：4.

属于随机搜索算法的范畴。这种算法从昆虫社会的蚂蚁行为中获得灵感，通过生物信息素引导蚂蚁选择路径，并依靠蚂蚁的协同作用实现优化目标。蚁群算法是近年来发展的一种仿生优化方法，具备较强的健壮性、优秀的分布式计算特性，并且容易与其他优化方法结合[1]。

蚁群算法在航线规划中的基本思想如下。首先根据具体问题设置多个蚂蚁，分别并行进行搜索。每只蚂蚁在完成一次巡游后，会在其经过的路径上释放信息素，信息素的量与路径解的质量成正比。蚂蚁选择路径时，依据信息素的浓度（初始时信息素量相等）和两点间的距离，同时结合随机局部搜索策略。这使路径较短的边上信息素浓度较大，因此后来的蚂蚁选择这些路径的概率也较高。此外，每只蚂蚁只能走合法路线（每个节点仅经过一次），通过设置禁忌表来控制这一点。每当所有蚂蚁完成一次搜索，就进行一次迭代，并更新所有边上的信息素。在信息素更新过程中，原有信息素会逐渐蒸发，而在经过的路径上会增加信息素的量[2]。

无人机的任务规划系统是确保无人机能够高效、准确地完成预定任务的核心部分。在这些系统中，航路规划起着至关重要的作用，它决定了无人机如何从起点飞行到目标地点，避开障碍并高效地完成任务。航路规划不仅涉及选择最佳路线，还需要考虑任务要求、环境变化、飞行安全等因素。

随着无人机任务的复杂性增加，尤其是在不确定和动态变化的环境下，航路规划面临着更高的要求。未来的研究重点将转向实时航路规划，特别

---

[1] 柳长安，李为吉，王和平. 基于蚁群算法的无人机航路规划 [J]. 飞行力学，2005，23（2）：4.
[2] 宋绍剑，王尧，林小峰，等. 基于蚁群算法优化回声状态网络的研究 [J]. 计算机工程与科学，2017，39（12）：7.

是在复杂和不确定环境中实现弱实时和强实时航路规划。弱实时规划主要关注如何在有限时间内进行合理的路径规划，而强实时规划则要求无人机能够在极短的时间内做出决策，适应快速变化的环境。

3. AI 辅助飞控

人工智能在无人机发展中扮演着至关重要的角色。具体地说，无人机将从 3 个方面实现智能化发展，即单机智能飞行、多机智能协同和任务自主智能。

单机智能飞行侧重于环境感知与规避，涵盖探测、通信、感知、信息融合与共享、环境自适应及新型传感器的应用。单机智能路径规划通过多种人工智能技术优化航线选择，而智能飞行控制系统则需要解决开放性、自主性和自学习等问题，进一步包括智能空域整合和飞行控制。

多机智能协同涉及多个方面，其中最关键的是协同指挥控制和协同态势生成与评估。与单机路径规划不同，多机智能协同路径规划要求无人机之间密切配合，以避免航线冲突。协同语义交互的核心在于机器能够理解自然语境，这意味着未来的无人机不仅要与其他无人机协同，还要与其他系统进行有效配合，能够通过机器语言实现机器理解[1][2]。

在多机协同任务分配中，需要综合考虑多种约束条件以确保任务的顺利完成。具体地说，任务目标和行动会被分配给不同的无人机，并要求它们根据分配的任务进行路径规划。在协同作业中，每架无人机的行动价值会被评估，最终选择总体价值最高的任务分配方案来优化任务执行。路径规划则需满足一系列约束条件，如最大速度、转角速度、安全性、时间要

---

① 王超，于德洋，王子强，等. 复杂任务环境下多无人机多任务规划技术研究 [J]. 电子技术与软件工程，2021，000（022）：106-109.

② 刘彦君. 无人机检测系统在桥梁检测中的应用研究 [J]. 中国设备工程，2023（14）：126-128.

求及环境因素等。此外，多无人机协同任务规划系统是多机协同控制系统的关键组成部分。任务分配的目的是在考虑任务顺序、时间限制和无人机物理条件等约束的前提下，优化或近似优化整体任务效率。该过程可以通过离线或实时方式进行[1]。

任务自主智能的概念与无人驾驶汽车的理念相似，都是指能够自主完成目标任务。目前，无人机在执行任务时仍需技术人员远程操作，监控目标并决定是否进行打击。未来的无人机则应具备自主判断并执行打击的能力，这代表了无人机应用的最终目的[2]。

3.2.2　智能低时延通信

1. 低时延视频编解码

现实中一个广泛的应用场景是因某种需要，我们利用无人机的载荷摄像机，将飞行过程中拍摄的视频信息通过 5G 网络实时回传给后台进行处理。

但是，当网络不稳定且发生切换时，无人机的输出视频传输会受阻或出现卡顿。而现有的视频编解码器主要通过块之间的复杂交互进行良好的压缩，这也带来了统一优化的问题。此外，视频传输受传输环境的影响很大，在不考虑传输条件的情况下，视频编解码方案在实际应用中缺乏自适应调整的能力。在视频流调度方面，传统数学模型也无法应对复杂环境下多视频流传输的缓冲区评估，通过固定的阈值设置方式进行

---

[1]　郑广鹏，卢晓辉，庞哲铭. 基于改进 SIFT 算法的露天铁矿采区三维模型 [J]. 露天采矿技术，2023，38（4）：23-26.

[2]　王钦钊，程金勇，李小龙. 多无人机协同任务规划方法 [J]. 火力与指挥控制，2018，43（3）：5.

视频流调度依然会造成较大延迟。为了解决以上问题，我们设计了一个特殊的编码器，它能根据 5G 网络的实时质量评估，自适应地调整传输的视频流量。

自适应端到端编解码通过构建端到端的编解码一体化网络，根据实时传输信道指标反馈，对一体化编解码网络做自适应调整。整体方案根据实时信道指标对传输信道的波动性进行描述，信道指标通过两个方面与编解码器共同构成两级反馈回环：一方面，根据信道质量调整编解码网络的层级，即调整视频编码和解码的帧数量，增强编解码器对动态变化信道的适应性，构成一级反馈回环；另一方面，将信道指标融入单帧生成过程，根据网络类型以时间维度为连接构建图结构，描述短时间切片的信道状态，联合调整图片的明亮度、颜色丰富度等直接影响单帧图片编码效率的因素，构成二级反馈回环。编解码网络的结构如图 3-3 所示。

一级反馈回环决定了编解码网络的层级，每一层均在前一层的基础上计算，构成级联结构，以提高数据的可压缩性，且具备控制整体帧数量的灵活性。二级反馈回环为单帧生成粒度提供指标支持，在传输网络不稳定、出现 5G 与 4G 网络切换的情况下，同时具备区分网络类型并分类建图的能力。

该编解码网络的结构考虑时间维度的波动和网络类型的切换来生成一个综合的信道状态指标，具体计算可用以下数学模型表示。

表示信道数据间关系的邻接矩阵为：

$$\begin{bmatrix} h_{1,1} & \cdots & h_{1,N} \\ \vdots & \ddots & \vdots \\ h_{N,1} & \cdots & h_{N,N} \end{bmatrix}$$

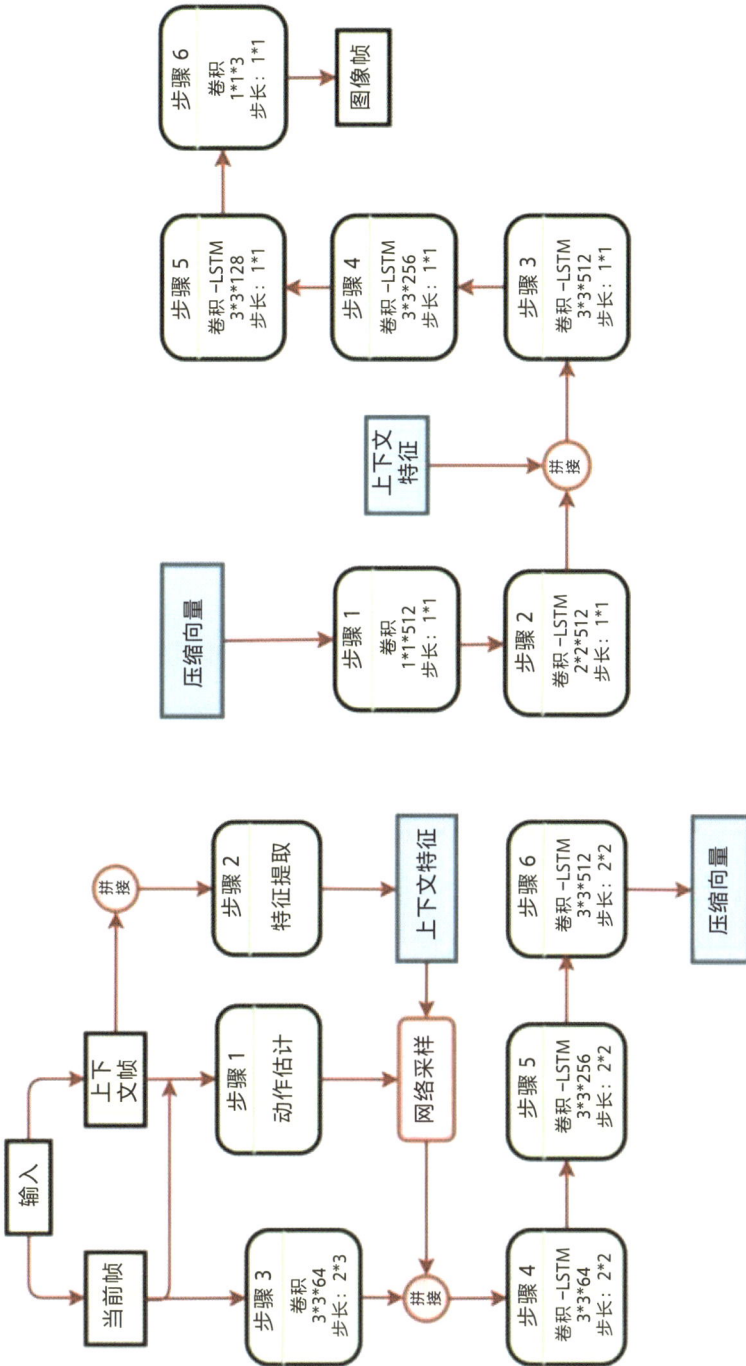

图 3-3　编解码网络的结构

无向图中的节点集可表示为：

$$V=\{v_i|i=1,2,\cdots,N\}$$

$$E_{time}=\{v_{(i,j)}|(i,j) \in n\}$$

$$E_{net}=\{E_{time\ 1}, E_{time\ 2}, \cdots E_{times+1}\}$$

其中，E_{time} 表示时间相邻的节点集，E_{net} 表示网络类型一致的节点集。

图卷积的过程表示如下：

$$a_v^k=AGGREGATE^{(k)}(z_u^{(k-1)}: u \in N(v))$$

$$z_v^k=COMBINE^{(k)}(z_v^{(k-1)}, a_v^k)$$

$$h_G=READOUT(\{z_v^{(k)}| v \in G\})$$

图中所有节点的特征聚合都是通过池化来实现的，计算过程如下：

$$h_G=ReLU(W*Mean\{z_u^{(k)}| v \in G\})$$

该编解码网络主要分为发射端和接收端进行部署。在发射端，无人机将视频压缩传输之前，在编码层采用上述方式对现有画面帧进行压缩，压缩结果包括每个图像组的首尾帧，以及由首尾帧、中间帧和动作向量共同生成的参考向量。与传统视频压缩方式相比，采用递归结构通过参考向量替代中间帧，大大减少了传输的数据量。在接收端，服务器接收到视频流之后，同样在解码阶段通过接收到的首尾帧和参考向量反向推理中间帧，获得补充后的完整画面。根据实际的无线传输过程中由无人机高速运动、变速运动和机动转弯等情况导致的不稳定传输环境，进一步确定服务器端解压缩递归的深度，动态调整推理颗粒度，缓解噪声对解压缩的影响。

2. 传输调度

在视频流调度方面，传统数学模型无法应对复杂环境下多视频流传输的缓冲区评估，通过固定的阈值设置方式进行视频流调度依然会造成较大延迟。

数据传输的缓冲估计技术能够准确反馈传输过程中缓冲区不足的概率分布，并为后续的数据包调度提供支持。该技术基于循环神经网络（Recurrent Neural Network，RNN）框架，通过门控循环单元（Gate Recurrent Unit，GRU）结构提取不同时序之间的相关性。在特征选择阶段，结合空间注意力机制和信道注意力机制，使模型更关注对最终目标至关重要的信息，即仅根据网络传输信道的状态来辅助判断。通过选择性地丢弃无关信息，进一步提高了决策效率。此外，该模型使用多任务学习结构共享大部分权重进行预测，有效降低参数规模，使预测更加有效。传输信道状态预测模型如图 3-4 所示。

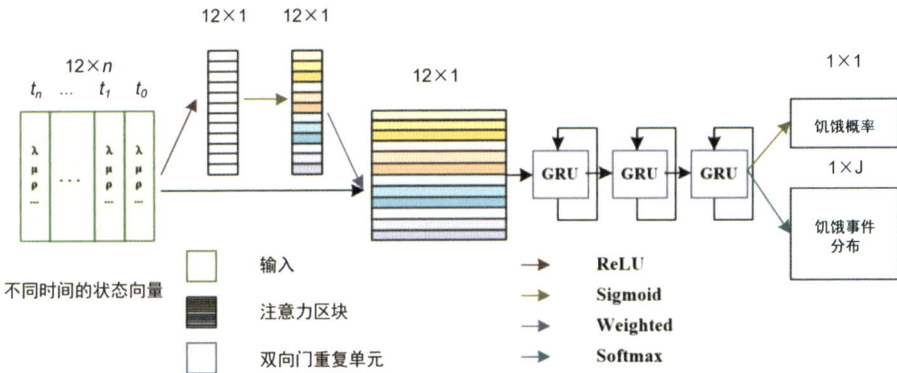

图 3-4　传输信道状态预测模型

该预测模型训练过程中的损失函数由两部分组成，第一部分计算如下。

$$P_s = \sum_{k=x_1}^{N-1} \frac{x_1}{2k-x_1} \binom{2k-x_1}{k-x_1} p^{k-x_1} (1-p)^k$$

$$MeanSquareError = \| Y_s - P_s \|_2$$

第二部分为交叉熵（CrossEntropy）损失，具体计算如下。

$$P_s(j) = \sum_{k_1=1}^{N} \sum_{k_2=1}^{N} \cdots \sum_{k_{j-1}=1}^{N} \sum_{k_j=1}^{N} P_{\varepsilon(k_1)} \cdot P_{S_1(k_1, k_2)} \cdots$$

$$P_{S_{j-1}(k_{j-1}, k_j)} \cdot P_{U_j(k_j)} = P_\varepsilon(\prod_{l=1}^{j-1} P_{S_l}) P_{U_j}^T$$

$$CrossEntropy = -\sum_{i=1}^{n} P_S(j)_i \cdot \log(Y_{Di})$$

数据包调度过程可以实现动态分配启动延迟并计算数据包预取策略，达到极大提高视频传输服务质量的效果。通过评估算法获得缓冲区状态后，动态配置传输过程中的启动延迟和数据包预取策略，达到智能调度视频流传输过程的目的。模型的输入是编码状态，输出是所采取的每个可能动作的实际值。初始状态可以选择最大操作或采取随机探索操作，智能体从给定的初始状态开始执行策略。数据包调度策略决策过程如图 3-5 所示。

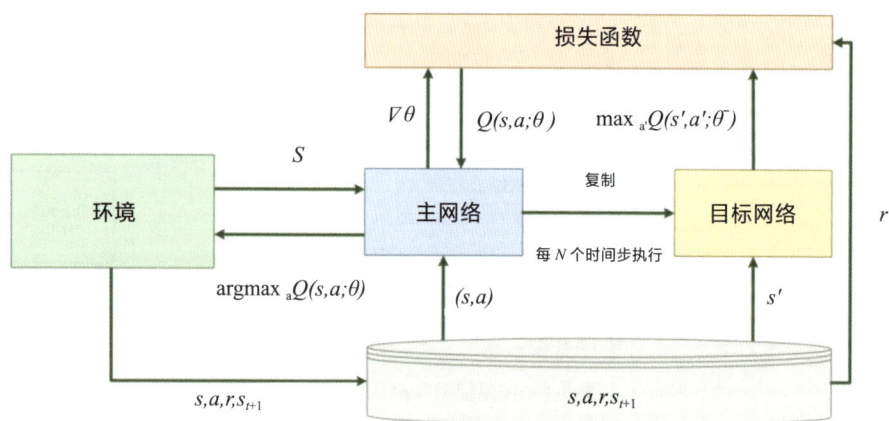

图 3-5　数据包调度决策过程

首先，需要通过不同状态的特征提取值预测代理采取的行为：

$$a_{\text{prediction}} = \text{DNN}(s, s'; \theta_l)$$

然后，通过最小化预测值与实际值之间的误差，估计哪些特征真正受到代理动作的影响：

$$\min_{\theta_I} L_1(a_{\text{prediction}}, a)$$

在提取当前状态的特征值后，可以通过网络预测下一状态的特征：

$$\varphi(\hat{s'}) = f(\varphi(s), a; \theta_F)$$

通过上述计算得到的损失建立奖励机制，从而得到数据包调度模型的训练目标：

$$L_F\left(\varphi(s'), \varphi(\hat{s'})\right) = \frac{1}{2}\left|\varphi(s') - \varphi(\hat{s'})\right|_2^2$$

$$R^i = \eta L_F\left(\varphi(s'), \varphi(\hat{s'})\right)$$

$$\min_{\theta_P, \theta_I, \theta_F}\left[-\alpha E_{\pi(S_t; \theta_P)}\left[\sum_t R_t^e\right] + (1-\beta)L_1 + \beta L_F\right]$$

在实际应用中，可以直接使用该模型实时完成视频流的智能调度。这样可以根据 5G 网络的质量状态自适应调整传输的数据量，使视频流传输更加通畅，服务质量得到保障。

3.2.3　实时数据采集及智能分析

实时数据采集及智能分析是结合人工智能、大数据、专家知识模型等多种相关技术，对外场采集的多种数据进行统一的管理、分析和处理。中移凌云基于 5G 网络制定了统一的数据接入规范，实现了无人机载荷信息的实时采集、存储及分析，构建时空大数据库。

1. 数据属性结构化及管理

数据属性结构化是指对数据进行维度化处理，其中关系表数据属于标准的结构化数据，而 XML、JSON 和日志等数据类型被归为半结构化数据。半结构化数据虽然具有一定的组织结构，但通常需要复杂的分析才能转化为完全结构化数据。对于非结构化数据，如图像、音频和视频，分析过程通常涉及将视频分解为连续的图像帧，将音频转换为图像或连续图像，并统一应用图像处理技术进行纹理、轮廓和色阶等维度的分解，最终将这些数据转化为高维矩阵（类似于表格）以进行计算。因此，无论数据的初始形式如何，结构化是数据分析的前提。最终目标是将数据结构化，以使其具备可计算和可认知的属性。因此，通过筛选、分类、标注及与现有数据集的融合等步骤实现数据结构化，对于数据分析和应用具有至关重要的意义。

2. 数据属性结构化及标准化

当前，无人机的行业应用场景日益广泛，但飞行后采集的数据大多仍需依赖人工进行筛选和判断。通过运用属性结构化分析，可以预先筛选部分数据，从而减轻人工核查的工作量，提高工作效率。数据属性结构化的关键在于对海量数据的有效管理和应用。无论从业务还是技术的角度来看，数据的价值始终是最重要的。而要确保数据的价值，前提是确保数据的准确性。为了确保数据的准确性，分析人员需要深入理解和分解数据的结构。在数据分析过程中，首先需了解数据的结构，然后编写相应的处理程序。数据属性结构化是使数据可被认知和处理的基础，结构化后的数据能够被程序计算和分析。因此，将非结构化数据转化为结构化数据是数据分析中的关键阶段[①]。

然而，现有的数据属性结构化分析方法主要用于固定摄像头场景。在

---

① 王欣玥，王星，张红霞，等. 无人机数据采集系统在通信勘查中的应用要点 [J]. 电信工程技术与标准化，2017，030（004）：7-10.

无人机飞行作业场景中，场景的不确定性、视野的开放性、目标的多尺度性及载荷摄像头的灵活性使基于无人机视角的数据属性结构化分析难度较大，因此需要通过筛选、分类、标注及与现有数据集融合等步骤实现相关数据的属性结构化。

应用于 5G 网联无人机系统的数据属性结构化技术主要体现在数据采集方面。首先通过 5G 网联无人机系统采集开放性场景视频数据、筛选数据、标注数据，并与现有开源数据集进行融合实现训练集的扩展，缓解目前开源的无人机数据集匮乏的压力。同时，利用现有的固定摄像头的模型，结合收集的标注数据集，通过迁移学习技术进行领域模型适配。此外，为充分模拟人眼特性，采用深度学习目标检测框架进行检测，并对检测出来的目标进行跟踪，形成跟踪轨迹。针对识别不稳定问题，首先对跟踪目标做尺寸过滤。当长度和宽度像素数量达到标准以上时，即代表待检测数据达到人眼能分辨的特征水平，在此前提下对结构化信息进行分类提取。

在将数据属性结构化后，还需要制定相应的标准化方案。多元数据标准化技术方案包括数据存储与管理标准和数据处理与可视化标准两部分。其中，数据存储与管理标准利用素材仓库存储和管理前端设备及无人机载荷上传的作业文件，并通过 WMS/WMTS 协议层、GIS 服务器层、标准地理信息格式层和数据产出层实现数据的标准化处理和融合。方案还引入了快速拼接等实时数据处理能力，具体流程如图 3-6 所示。而数据处理与可视化标准则包括地理信息三维可视化标准、后端的内业数据处理标准、数据仓库中的无人机源数据存储标准。

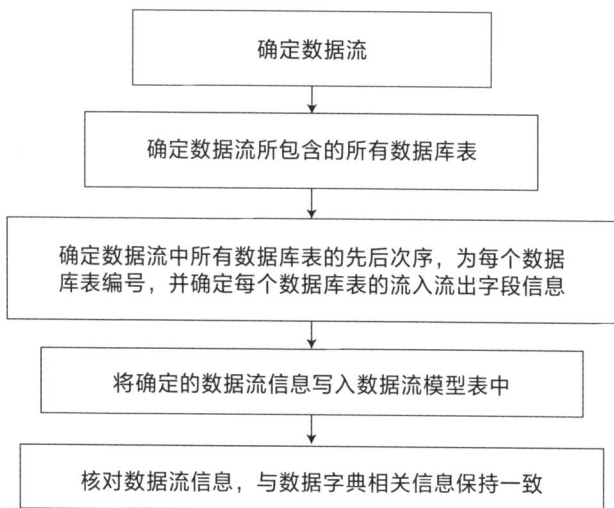

图 3-6 数据标准化处理及融合方法

对任何来源的数据而言，没有结构化就无法分析。无论什么数据，没有标准化就难以投入实际应用。因此，数据结构化和标准化对于数据处理、分析及管理是至关重要的。

3. 知识图谱

知识图谱（Knowledge Graph）又称为知识域可视化或知识领域映射，是一种通过多种图形展示知识发展进程和结构关系的可视化技术。它用于描述知识资源及其载体，并挖掘、分析、构建和展示知识及其相互关系。知识图谱在逻辑结构上分为数据层和模式层。数据层由一系列事实构成，知识以这些事实为单位进行存储。若采用三元组（如（实体1，关系，实体2）或（实体，属性，属性值））形式表示事实，图数据库（如 Neo4j、FlockDB 和 JanusGraph 等）可以作为存储介质。模式层建立在数据层之上，主要通过本体库规范数据层的事实表达。本体库作为结构化知识库的概念模板，通过本体库形成的知识库不仅具有较强的层次结构，还能有效减少冗余[①]。

　　构建和应用大规模知识库需要依赖多种智能信息处理技术。知识推理是在现有知识库的基础上挖掘隐含的知识，以丰富和扩展知识库。分布式知识表示形成的综合向量对知识库的构建、推理、融合及应用具有重要意义。知识图谱的构建过程如图 3-7 所示[②]。

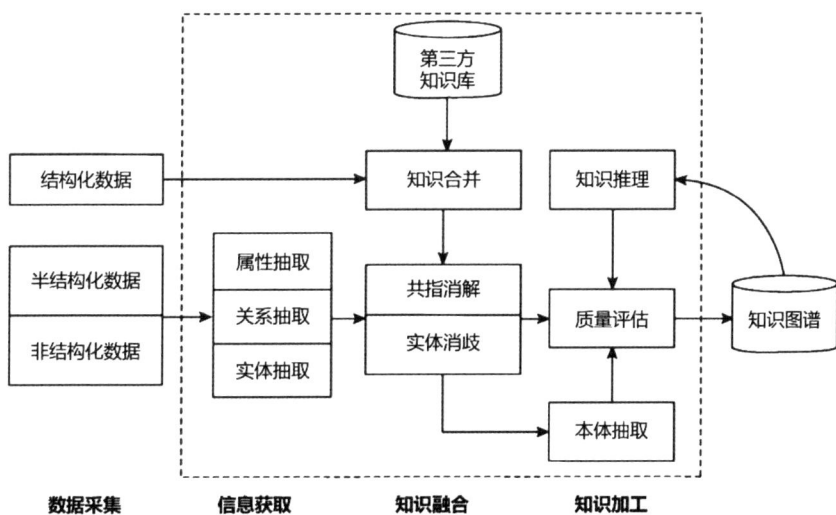

图 3-7　知识图谱的构建过程

　　在知识图谱中，最核心的 3 个部分是知识抽取、知识表示和知识融合。知识抽取技术用于从公开的半结构化数据、非结构化数据及第三方结构化数据库中提取实体、关系和属性等知识要素。知识表示则通过有效的手段对这些知识要素进行表征，以便于后续的处理和应用。最终，通过知识融合技术，可以消除实体、关系和属性等指称项与实际对象之间的歧义，从

---

①　李芳，陈震原，肖军. 一种基于自然语言处理技术的智能定责应用研究 [J]. 广东通信技术，2023，43（1）：8-12.

②　徐增林，盛泳潘，贺丽荣，王雅芳. 知识图谱技术综述 [J]. 电子科技大学学报，2016，45（4）：18.

而构建高质量的知识库。

（1）知识抽取

知识抽取主要针对开放的链接数据，利用自动化技术提取可用的知识单元。这些单元包括实体、关系和属性 3 个关键要素。这些知识要素形成了一系列高质量的事实表达，为上层模式层的构建提供基础。知识抽取的主要工作包括以下 3 方面。

- 实体抽取：通常称为命名实体识别（Named Entity Recognition，NER），是指从原始文本中自动识别命名实体。实体作为知识图谱中的基本元素，其抽取的完整性、准确性和召回率直接影响知识库的质量。因此，实体抽取是知识抽取中最基础且关键的步骤。

- 关系抽取：旨在解决实体间的语义链接问题。早期，关系抽取主要通过人工构建语义规则和模板来识别实体关系。随着技术的发展，关系模型逐渐取代了手工预定义的语法和规则。

- 属性抽取：针对实体的属性进行提取，属性为实体提供了完整的描述。由于实体属性可以视为实体与属性值之间的一种名称性关系，属性抽取问题可以转化为关系抽取问题。

（2）知识表示

近年来，深度学习，尤其是以表示学习为代表的技术取得了重大突破，使能够将实体的语义信息编码为紧凑的低维实数向量。这样的表示方式极大提升了在低维空间中高效计算实体、关系及其复杂语义关联的能力。知识表示学习常见的模型包括距离度量模型、单层神经网络模型及双线性模型等。这个过程通常还涉及实体对齐、知识融合和知识库更新等关键技术手段，以不断提升知识系统的准确性和完整性。

（3）知识融合

由于知识图谱所涵盖的知识来源多样，往往存在质量不一致、不同数据源中信息重复、知识间关联模糊等问题，因此，知识融合在构建高质量知识图谱中具有至关重要的地位。作为一种复杂的知识组织过程，知识融合在统一的架构下对异构数据进行整合，通过消歧、补充加工、逻辑推理与验证更新等手段，实现数据、信息、方法论、实践经验乃至思维方式的深层融合，从而提升知识库的整体质量与实用性。在这个过程中，知识更新尤为关键。随着时间的推移，认知水平的提高、知识体系的扩展及业务场景的演化，知识图谱中的内容必须持续进行动态更新。无论是面向通用场景的知识图谱，还是服务于特定行业的领域知识图谱，都需通过不断迭代，补充和拓展新知识，以保持其实时性和准确性。

4. 全动态视频

全动态视频（Full Motion Video，FMV）是指将无人机的位置及姿态信息与相机获取的画面相结合，通过计算无人机视野的经纬度，赋予拍摄画面绝对的地理位置信息。当在无人机画面中发现目标点或目标区域时，使用者可以在 FMV 功能的支持下获取目标的绝对位置或实际覆盖面积，可在日常巡检、应急救援、情报收集等诸多领域中辅助决策。

FMV 将视频流和相关传感器元数据组合成一个视频文件，使视频具有地理空间感知能力。传感器系统收集无人机的载荷相机的位置和姿态数据，并将其编码至视频流中，使每个视频帧与地理位置信息相关联。FMV 能够将特定格式的视频文件或视频流控制播放，同时在地图中实时显示摄像头与目标点的轨迹，显示标绘点等。其原理是在视频流中同步记录了每个时刻摄像头的坐标位置、拍摄姿态等信息，由此绘制出实时轨迹。FMV 使用元数据将坐标在视频图像空间和地图空间之间无缝转换，这与影像空间分析中的图像坐标系转换静态影像的方式类似。这种转换为 GIS 中的地理空间数据和视频数据的互动奠定了基础。例如，使用者可以在视频播放时在地图上查看视频帧轨迹、帧中心和成像平台的位置，同时可查看 GIS 图层，如具有 ID 的建筑物、地理围栏及其他相关信息 [1]。

FMV 支持在数据采集后立即进行实时分析或取证分析。例如，在自然灾害后进行损失评估时，使用者可以通过 FMV 功能分析无人机收集的最新视频信息，以及现有的 GIS 数据层。由于视频轨迹在地图上可见，使用者可以准确了解视频中可见的建筑物和基础设施，还可以评估其状况、在视频和地图中标记地面要素、为其位置添加书签及在说明中对其进行描述。此外，对目标区域、对象进行三维建模后，可以在原有基础上获得三维投影，呈现全方位视野，支持二维视图、三维视图同屏显示或单独显示，支持快速评估、分析和联动现有资源，提供及时决策支持。

5. 实时三维建模

近年来，随着全球智慧城市建设的快速推进，城市三维数字模型逐渐成为其重要的基础设施之一。其中，地理信息系统（GIS）作为城市管理与规划的核心工具，日益受到重视。

倾斜摄影技术作为航测领域的创新成果，相对于传统的垂直摄影方式，通过在飞行平台上布设多个不同角度的镜头，实现对地表目标从多个倾斜方向进行拍摄。这种方法能够全面捕捉地物的侧面纹理与空间信息，为高

---

[1] Nightingale J, Wang Q, Alcaraz-Calero J M, et al. Reliable full motion video services in disadvantaged tactical radio networks[J]. IEEE, 2016.

分辨率、多角度的影像采集提供技术支持。借助高精度的航测数据，并结合影像预处理、区域联合平差和多视角影像匹配等流程，可以批量生成质量优良、精度可靠的三维地理信息模型。

倾斜摄影不仅提升了遥感数据的表现力和真实感，而且通过集成高精度定位与地理信息数据，大幅提高了影像处理效率和建模精度。区别于正射影像只能垂直获取图像的限制，倾斜摄影采用"一垂直、四倾斜"的多镜头配置，同时采集航高、重叠度和 GPS 等辅助数据，极大地丰富了数据维度，为构建更真实、更精确的三维城市模型提供了坚实的支撑。

将无人机倾斜摄影技术应用于三维城市建模具有显著优势，其操作简便、快捷，减少了现场拍摄的需求，数据处理主要通过高自动化的计算机软件完成。相对于仅从垂直角度拍摄的正射影像，倾斜影像提供了建筑物的多角度纹理信息，补充了地物的侧面细节，使三维模型更接近真实场景，弥补了传统人工建模的不足。此外，倾斜摄影技术成本较低，能够在相同的拍摄时间内获取更多数据，支持批量特征点提取和同名点匹配，节省了建模时间和劳动力成本，减少了航拍次数，并降低了设备损耗。同时，无人机拍摄具有较大的视场角，倾斜摄影相机的视场角可以根据需要进行调整，进一步优化了数据采集效果[①]。

目前利用无人机进行三维建模主要有 3 种方式：点云融合、立体环绕和智能摄影。

（1）点云融合

对建筑物进行三维建模时，通常采用无人机进行空中拍摄，以获取倾斜摄影图像，并借助建模软件生成三维模型。然而，由于无人机拍摄视角

---

① 谭仁春，李鹏鹏，文琳，等. 无人机倾斜摄影的城市三维建模方法优化 [J]. 测绘通报，2016（S2）：4.

主要从上方俯视，当建筑物高度较大或周边环境较为密集时，其底部结构容易被遮挡，导致模型底部精度不足。为提高整体模型的完整性与精度，常常将空中获取的倾斜影像与地面三维激光扫描数据结合，形成点云融合技术，从而更全面地还原建筑外形。

在外业数据采集阶段，为确保图像的完整性，无人机需直接飞越目标建筑物上空，因此在制定飞行任务时，创建的多边形航线区域应完全覆盖建筑所在区域。此外，航拍质量与图像的重叠度密切相关，任务设置时需合理设定航向与旁向重叠率。一般来说，航向重叠率应控制在 60% ~ 80%，旁向重叠率至少需达到 70%，在建筑物密集区域建议进一步提高以保证图像的连贯性。

不同类型的摄像头也影响拍摄策略。若配备单镜头相机，通常需要多次飞行往返以采集各个角度图像；而配备 5 镜头等多视角相机则可一次性完成多方向拍摄（包括俯视及 4 个倾斜方向），大幅提升效率。无人机平台的选择亦需考虑任务范围与精度要求：小范围区域推荐使用多旋翼无人机，其操控灵活、适合低空作业；而大范围航拍任务更适合采用固定翼无人机，因其飞行速度快、续航时间长。最终，通过处理倾斜摄影所得图像，可生成高密度点云，为精细化三维建模提供数据基础。

（2）立体环绕

在进行三维建模任务时，操作流程简洁高效，适合快速获取目标物的多角度影像。具体步骤如下。

首先，打开无人机的移动端控制系统，连接多旋翼无人机，并在实景地图中定位目标物体的位置。随后，在目标物的底部区域绘制一个多边形，确保该多边形能够完全覆盖目标物的垂直投影范围。接着，设定该区域的飞行高度，从而形成一个三维的多边形飞行区域。

之后，需要根据建模精度需求设置航向重叠率与旁向重叠率，系统界面会自动生成并展示对应的三维航线规划图。用户可在此基础上根据实际情况进一步调整相关参数，如飞行高度、拍摄间隔等。参数设定完成后，即可启动任务，执行飞行拍摄。

任务完成后，系统将获取目标区域的多角度、高覆盖率的影像资料。通过第三方建模软件（如 Pix4D、ContextCapture 等）对图像进行处理与拼接，便可生成高精度的三维模型。

该方式的显著优势在于操作流程简洁、技术门槛较低，同时能够通过密集图像采集获取丰富的细节信息，适用于快速建模及高效率作业场景。

（3）智能摄影

在实景地图上找到目标物的位置点，将无人机手动飞到目标物的上空并点击开始摄影，无人机就会开始环绕目标物自动进行摄影，环绕路径和云台角度将在地图界面显示，摄影完成后将弹出提示；再将视频文件移动到三维建模工具中，生成立体模型。整个操作步骤十分简单，且快捷高效。

综合对比以上 3 种方式可以看出，点云融合的方式适用于大规模城市三维建模，并依赖强大的算法和开发能力，有时还需要结合地面三维激光扫描，因此可能会产生较高的人力和时间成本。而立体环绕则适用于单个较高物体的建模，只需要创建好航线后用无人机去执行任务，在任务完成后对图片进行相关处理即可生成三维模型。此方案在工程检测中比较常见，如高塔等。由于其图片的获取角度多样，能够得到更多的细节信息，因此可以多方位地查看某个角度是否发生异常。相比之下，智能摄影的方式是十分便捷的，既不需要创建航线，也不需要进行复杂的图片处理，而是直接将整个视频移动到三维建模工具中。此方案适用于警用行业的事故现场的还原，可通过无人机快速获取现场的影像，进行后期的事故原因分析和测量等。

3.2.4　云系统安全

云系统安全涉及复杂的软件系统设计、开发、运行、维护和部署，是一个系统工程。结合区块链、通道加密和网络态势感知等技术，以及可信计算平台，云系统架构与安全的核心任务是确保云系统及其多元数据资产的运营安全。下面从云系统架构和数据系统安全两个方面探讨当前云平台面临的技术挑战。

在云系统架构方面，需要综合考虑技术的先进性与风险性、复杂性与收益性、稳健性与可移植性等因素，必须解决单体应用问题，应对系统复杂度高、系统性能低、开发效率低、扩展性差、容错性差等挑战，完成复杂系统的整体架构设计（如微服务架构）。在系统运行过程中，要确保系统的稳定性、高可用性和水平扩展性，同时提供针对不同租户和环境的快捷部署与交付能力。

数据系统安全是无人机智能管理和运营平台的重要保障。特别是在网络依赖性较高的特殊场景中，网络受损时需要快速重构以恢复通信，确保数据传输安全。因此，特殊场景下的网络安全性要求较高，包括消息认证、消息完整性、通信节点匿名性、不可链接性及可追溯性等方面。系统必须应对网络遭受针对性攻击和随机性攻击带来的挑战，并处理网络稳定性问题，以保证业务的正常应用。

尽管现有安全方案存在一定的缺陷，如数据泄露、控制权限和同步问题，但是区块链技术的集成可有效促进云计算的发展。区块链通过将信息存储在一个由多个区块组成的链条中，并要求修改区块链中的信息需获得多数节点的同意，从而提高了信息的安全性。区块链技术的核心特点是数据难以篡改和去中心化，这些特点使记录的信息更加真实可靠，有助于解决互不信任的问题。

区块链技术与云计算的结合可以提升数据安全性。当云计算与区块链集成时，各云节点在区块链中进行通信，所有节点相互传递交易副本，从而提升数据的安全性。区块链的匿名性可以防止个人数据泄露，而其不可篡改性保护了数据的完整性。通过数据复制，区块链系统的容错能力得到增强。

在认证方面，云系统作为可信管理中心，负责证书发放和认证，认证后的节点将加入由通信基础设备组成的区块链网络中。在网络构建方面，轻节点和全节点构成网络架构，轻节点存储全节点信息，全节点通过分布式对等网络进行分层建设，提升网络连通性和系统可靠性。全节点的分布式网络由软件定义网络管理，动态更新全局拓扑和链路状态信息，并通过区块链记录形成全局视图。

在路由选择方面，判活操作后通过在不同小型局域网间选择可信代理节点进行路由。代理路由连通网络，通过节点的账本信息生成路由，保证网络在干扰下能正常通信，提升网络稳定性。账本信息取代传统路由表，当路由丢失时，节点可以根据账本信息迅速选择新路由。小型通信网络内部路由协议基于按需路由，优化路由创建和广播操作，通过账本提供多条路由信息，实现网络优化。

3.3 中移凌云平台的核心功能

中移凌云是集飞手培训、低空定位、轨迹跟踪、空中防撞、路线优化、气象情报等数据统计与分析功能于一体的管控平台，具备设备维护、资源调度、空域申请等基础业务能力，提供飞行任务编排、自主飞行、数据采集与分析、报告自动生成等定制化服务，覆盖飞行前准备、飞行中监控、飞行后处理的端到端应用场景，满足了无人机高效、安全的飞行监管需求。

该平台基于 5G 网络，提供了"飞行服务＋行业应用＋增值服务"的一站式解决方案与功能体系，其整体架构如图 3-8 所示。

根据平台的功能特点，中移凌云共规划了两大核心模块：通用业务功能和行业应用功能。通用业务功能聚焦无人机起飞前准备、飞行监控与数据采集、飞行后数据处理等场景，结合平台的开放性定位提供数据南北向交互功能。行业应用功能聚焦无人机细分领域，提供相应领域的信息介绍、案例介绍及业务对接入口。

3.3.1 通用业务功能

通用业务功能模块聚焦将无人机本身从起飞前准备、飞行中监视与控制、飞行中数据采集、飞行后数据归档、处理相关的各业务能力独立抽象成功能模块，并结合平台开放性的需求提供数据对接功能。

通用业务功能模块包含设备管理、飞行计划管理、飞行监视、飞行数据管理、空域管理、程控飞行、航线设计、视频服务、数据存储等核心功能。通过不同功能模块的排列与组合，中移凌云平台可以对在不同行业场景中作业的无人机实现有效控制。

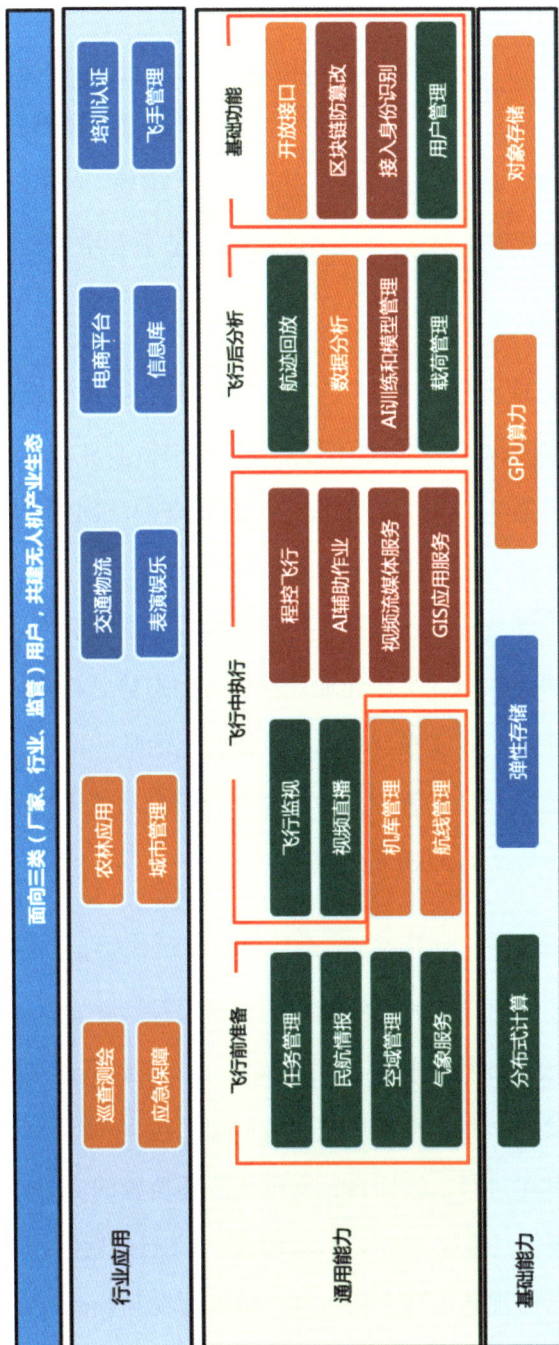

图 3-8　中移凌云的整体架构

1. 设备管理

设备管理支持无人机设备基础信息、功能、性能指标的查询和维护，如创建、修改、查询、删除等。此外，设备管理还包括载荷管理和机库管理。载荷管理可对载荷的设备信息进行创建、编辑、查看和维护。机库管理可对智能机场的设备信息进行创建、编辑、查看和维护。

2. 飞行计划管理

飞行计划管理支持无人机飞行任务的申请、执飞记录的存储与查询。系统可根据具体作业任务创建飞行作业，并根据业务需求进行作业审批。支持一次或多次作业执行，并可按各类条件查询已创建的作业及其状态。作业结束后，可进行数据回放并生成作业分析报告。

此外，飞行计划管理还包括飞行任务作业后回放和作业报告。飞行任务作业回放可对已执行的单次作业进行轨迹、态势、载荷数据的回放，是程控飞行、飞手飞行（实操、微操）数据回放的唯一渠道。作业报告可对作业报告模板进行设计和管理，在作业执行后自动填入相关数据（如作业基础信息、轨迹信息及 AI 分析结果等）。

3. 飞行监视

飞行监视支持对无人机在线状态的实时追踪，并实时呈现无人机回传的视频、态势数据和执飞轨迹。系统实现了监视数据的综合处理与显示，支持背景地图叠加显示；支持历史轨迹回放，包含飞行器的历史轨迹显示与查询功能，并可进行轨迹回放；支持飞行器位置的实时显示，包括当前经度、纬度、高度、速度、唯一标识及关联的飞行计划信息。

此外，飞行监视还支持全局监视、机库监视和载荷控制。全局监视可呈现与当前账号权限匹配的所有在线无人机、智慧机场设备的信息快照和当日作业数据，如地图设备标记、统计数据等。机库监视可对当前智慧机场的全量实时状态、实时监控视频进行展现。载荷控制可在单机监视界面提供虚拟操作按钮，对当前无人机挂载的载荷设备进行控制，如云台的旋转、对焦、拍照、摄影，以及喊话器播放喊话内容等。

4. 飞行数据管理

飞行数据管理支持每一次飞行活动的操作日志、无人机日志、飞行轨迹和视频 / 图像的存储、查询和维护。

5. 空域管理

空域管理包括空域的划设、查询、删除、激活、关闭和发布，支持可视化空域数据的制作。系统提供危险区、限制区、禁区、临时飞行区和净空区的空域信息查询，支持固定点空域信息查询，以及民用机场、通航机场、起降点、农化机场和军用机场的空域信息查询，还提供航路航线的空域信息查询。

6. 程控飞行

程控飞行支持与不同型号的无人机设备进行飞控指令对接，通过平台适配可实现平台下发指令到无人机进行具体动作执行，进而形成平台与无人机的直接交互，达到无人机自主飞行的目的。此外，程控飞行支持虚拟摇杆操作。虚拟摇杆操作可在单机监视界面提供虚拟摇杆按钮，对当前无人机进行飞行控制及控制权切换。

7. 航线设计

航线设计支持航线管理，用户可手动新建、修改航线，可查看航线列表数据。

8.视频服务

视频服务支持实时视频回传和历史回放功能。无人机采集的视频可实时回传并存储至服务器端。飞行任务结束后，系统支持历史视频回放、查询和下载。

9.数据存储

数据存储支持将视频采集结果存储至服务器，还支持对视频数据进行分析。数据分析面向行业应用和系统运营，支持将无人机载荷采集的数据、无人机任务执飞数据及平台自身运行数据进行差异化分析，根据实际业务需求对行业应用中采集的样本进行对比、识别，或者对飞行数据进行统计比较以挖掘商机和价值，以及对平台运行过程中产生的历史数据进行分析、识别潜在改进点、持续优化系统性能与服务效率。数据分析集成了人工智能算法，根据细分领域的业务场景实现多元分析能力，满足行业应用的需求。

3.3.2　行业应用功能

在一些无人机的垂直行业应用中，如电力巡检、应急通信、应急消防、森林防火、智慧交通等，虽然所需无人机的形态、载荷类型有所差异，但回归到无人机本质都是通过无人机的一系列动作组合完成指定的任务。中移凌云在行业应用层面将无人机行为抽象成不同类型动作的指令集，通过对指令集进行编排形成一套完整流程，并配合载荷设备在全流程中的关键节点进行数据采集，最终实现行业应用的飞行任务。完成飞行任务后，通用能力模块中的 AI 算法、开放接口等功能对数据进行二次处理或推送，完成行业应用全自动化的端到端闭环。通过这种方式，中移凌云可以集成众多不同的行业应用功能。下面描述的是部分案例。

1. 应急通信

在大型自然灾害（如地震、洪水等）发生时，地面通信设施遭到完全的破坏，道路也受到损毁，应急通信车很难及时赶到受灾区域，无法第一时间打通受灾区域的通信。中移凌云通过指挥调度无人机搭载空中基站和机载卫通站快速飞往目标应急区域，之后在目标应急区域上空盘旋，空中基站对地进行无线信号覆盖，通过机载卫通站回传业务，快速打通应急区域的通信，为救灾提供重要保障。应急通信系统由大型无人机、机载基站系统、机载卫通系统、地面卫通系统组成。

2. 物流运输

无人机管理调度系统摆脱了无人机飞行中需要专业技术人员手持无线遥控器全程参与飞行操控的限制，在操控上实现了无人机的自主飞行，每个航班都可以由中移凌云平台自动规划；起飞降落点由系统自动分配，在机场实现自主起飞降落；空中飞行出现异常情况由系统根据飞机状态做出安全处理决策，保证飞行安全。自动调度最大化地减少了人力成本的支出，通过全自动高频次往返配送解决物流时效问题。

3. 应急消防

针对我国现代化消防现状，各级消防部门为响应《关于全面推进"智慧消防"建设的指导意见》，本方案以"察打一体"消防无人机为基础，构建高效智能的消防应急处置体系，为提升消防实战能力和服务民生水平提供重要支撑。遵循精准布控、协同共治、服务实战、服务民生、警地融合的原则。5G 移动通信技术赋能消防无人机应用，依托中移凌云具备的态势感知、智能调度能力，构建城市空中智慧消防体系，实现城市网格化消防布局，解决城市消防所遇到的难点。

城市空中智慧消防立足于 5G 移动通信技术和无人机技术，着力于火点全面监测、火情及时响应、火势快速压制、火灾现场智能调度及无人机运行管理，打造全方位一体化的城市消防布局。

4.社会救援应急管理

为响应国家应急保障部的号召，把社会力量作为国家应急保障体系的重要组成部分，采取措施积极引导社会应急力量发展。借助中移凌云平台搭建社会应急服务保障平台，完善日常管理、应急调度、培训选拔、激励等机制，加强日常协调，完成风险排查、应急预案在线编制、预警信息传播、突发事件信息报告等功能。

第 4 章

5G 低空
网络覆盖

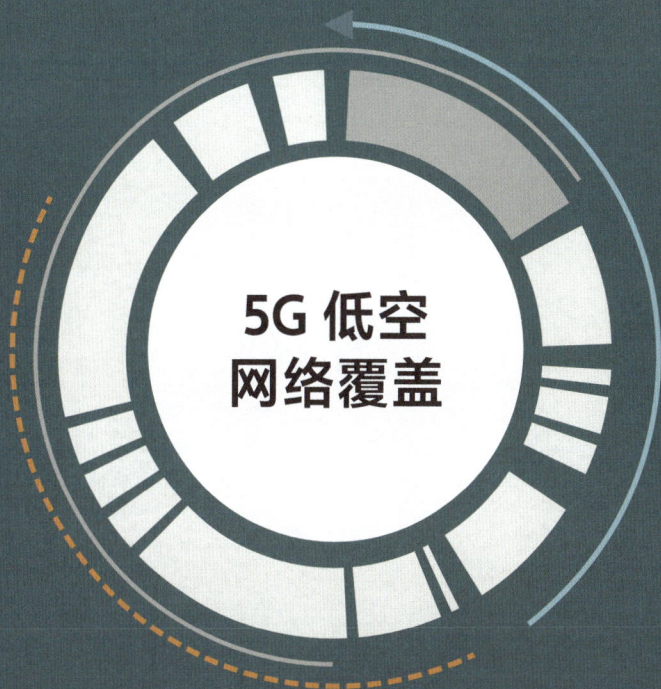

5G 低空网络覆盖是 5G 网联无人机系统在各行各业成功应用的基础。网联无人机的通信特征与地面终端不同，无人机的飞行航道通常高于地面基站的天线，5G 低空网络覆盖技术在不影响地面通信且不增加大量成本的前提下为无人机提供稳定可靠的接入，从而为 5G 网联无人机系统赋予的实时超高清图传、远程低时延控制及海量数据处理等重要能力提供网络资源保障。因此，无人机的应用形式和服务领域将会变得越来越广泛。

4.1　5G 低空网络的现状及问题

4.1.1　5G 网络架构简介

5G 网络不仅限于提升空口技术和峰值速率，还通过网络侧功能重构提供全新的业务支持。具体而言，5G 网络在以下几个方面进行改进以满足新要求。

第一，移动通信系统中的业务速率会随着用户的移动和覆盖范围的变化波动。为了提供稳定的体验速率，必须打破传统的"一对一"传输模式，引入联合多站点协同机制，以实现平滑的联动和速率保障。这种方式通过多个基站协同工作来提升网络的整体性能和用户体验。

第二，毫秒级的低时延是 5G 系统面临的一大技术难题。传统网络架构中，网关和业务服务器多位于网络核心，受光信号传输速度的限制，网内传输时延通常在百毫秒级别，而这个水平远远无法满足 5G 网络对毫秒级低时延的严格要求。因此，必须将网关和业务服务器尽可能地下沉到网络边缘。除此之外，4G 的业务切换中断时间无法达到 5G 系统对高实时性的要求，因此需要引入更高效的切换机制来降低切换延迟。

第三，在面对高吞吐量和大规模连接的需求时，传统的中心转发与单一控制机制极易引发网络拥塞和系统过载的问题。因此，5G 网络需要具备更灵活的控制功能和更均衡的流量分布，以应对大规模的连接和数据传输需求。

为了满足 5G 时代万物互联的需求，传统的通信技术设计模式显然不再适用。因此，5G 网络引入了服务化架构（Service-Based Architecture，SBA），这种架构设计提供了更加灵活、便捷的解决方案以应对未来的挑战。5G 网络系统架构如图 4-1 所示。

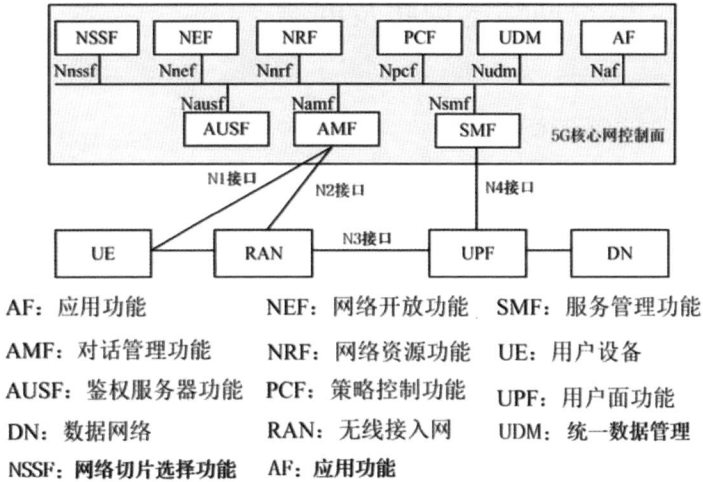

图 4-1　5G 网络系统架构

5G 网络系统架构与传统网络系统架构的一个显著区别是 5G 核心网的控制面摒弃了传统的点对点的管理方式，而采用了总线式服务化架构和接口。另外，5G 网络的架构更零散，对部分 4G 网络功能（如移动管理实体的会话管理、移动性管理等）进行了重构，同时增加了一些网络功能，如网络切片功能。

5G 网络借鉴了 IP 系统服务化架构的成功经验，通过模块化设计实现了网络功能的解耦与重构，使各个独立的网络功能可以单独扩展、演进，并根据需求进行部署。控制面的所有网络功能通过服务化接口进行交互，这种架构允许多种网络功能调用同一种服务，从而降低了接口之间的耦合度，实现了定制化的网络功能及灵活的业务场景。简单地说，5G 网络采用了一种服务化架构，每个网络元件都有其标准接口，其他元件只需符合这个标准即可进行交互。

在资源管理方面，传统网络主要集中在互联网接入的基础设施建设上，通常侧重于建设而忽视运维，简单的运营模式难以满足 5G 物联网和垂直行业的高度差异化需求。此外，传统的专用硬件网络设备平台由于其刚性架构，导致资源利用率较低，并且缺乏动态扩展的能力。为了克服这些限制，5G 网络引入了互联网的服务化理念，并构建了更具弹性的基础设施平台。

　　5G 网络借助云计算、虚拟化、软件定义网络等前沿技术，重构了跨功能面的统一资源管理架构和多业务承载资源面，从而全面攻克了传输服务质量、资源扩展性及组网灵活性等方面的难题。网络虚拟化技术实现了底层资源的统一"池化管理"，向上层提供了相互隔离且具备资源保证的多租户网络环境。通过引入网络资源管理技术，底层基础设施能够为上层租户提供高度可控的虚拟专用网络环境，使用户可以自主定义地址、拓扑结构、转发机制及协议，从而充分释放基础网络的潜力。

　　在控制面，5G 网络通过统一的软件编排和动态调配，实现了网络资源与编程能力的高效衔接；在数据面，通过对网络转发行为的抽象，可以利用高级语言对多种转发平台进行灵活的协议和流程定制，进而实现面向上层应用和性能要求的资源优化配置[①]。

4.1.2　5G 网络关键技术

　　5G 网络对通信技术提出了更高的要求，为用户提供更高的速率，而且对系统功耗、响应时延等提出了更高的要求。5G 网联无人机系统是 5G 的典型应用，除了对网络带宽和系统时延有着很高的要求，在低空立体覆盖、数据安全等方面也有比 4G 更高的要求。与网联无人机系统相关的 5G 网络关键技术主要包括大规模天线技术、网络切片技术、边缘计算技术和干扰协调技术等。

① 　朱浩，项菲. 5G 网络架构设计与标准化进展 [J]. 电信科学，2016，32（4）：7.

1. 大规模天线阵列技术

在低空覆盖方面，由于 5G 引入了基于大规模天线阵列技术的波束赋形技术，5G 网络在垂直覆盖上有明显的优势。这使无人机低空覆盖与地面共网成为可能，同时极大地提升了系统的容量。

大规模天线阵列技术是 5G 网络中提高频谱利用率和系统容量的关键技术，如图 4-2 所示。多天线技术作为一种提升系统频谱效率和传输可靠性的有效手段，已被广泛应用于多种无线通信系统。天线数量的增加能够显著提升频谱效率和传输的可靠性。特别是当发射天线和接收天线的数量大幅增加时，MIMO 信道的容量会随着发射天线和接收天线数量中的最小值近似线性增长。因此，大量天线的使用为系统容量的大幅提升提供了一种有效途径。在分布式协作网络系统中，不同地理位置的节点可以在同一时频资源上协同工作，与多个移动通信终端进行通信，从而形成网络多进多出信道。这种协作方式不仅克服了传统蜂窝系统中 MIMO 技术应用的局限性，还能在提高频谱效率和功率效率的同时显著改善小区边缘的传输性能。

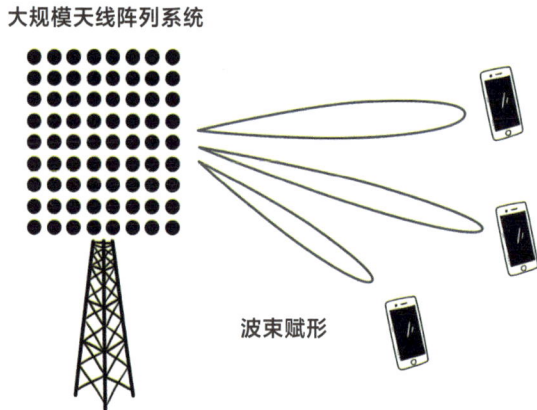

图 4-2　大规模天线阵列技术

在部署了大规模天线阵列系统之后，通信系统将获得一系列传统方式无法提供的独特物理特性和显著性能优势，具体表现如下。

- 随着天线数量的显著增加，不同用户之间的信道将逐渐表现出正交性。这意味着用户间干扰可以得到有效甚至完全的消除，从而显著提升系统的总容量。
- 随着基站天线数量的增多，信道的快衰落和热噪声得以有效平均，进而产生信道硬化效应。这不仅显著降低了用户遭遇深度衰落的概率，还减少了空口的等待延迟，简化了调度策略。
- 众多天线的应用能够将波束能量高度集中于极小的空间区域内，从而极大地提高了系统的空间分辨率。
- 在发射信号时进行波束赋形，有效降低了发射信号的峰均比，使射频前端可以采用低线性度、低成本和低功耗的功率放大器，显著降低了系统的部署成本。
- 大规模天线的应用显著提升了阵列增益，大幅降低了发射端的功率消耗，从而使系统的整体能效提高了多个数量级。
- 大规模天线的传输可以简化系统的实现复杂度，如最大比传输或接收，以实现接近最优的系统性能。

波束赋形技术基于天线阵列，通过调节每个阵元的加权系数形成具有指向性的波束，从而实现显著的阵列增益。这种技术在扩大信号覆盖范围、提升边缘区域的数据吞吐量及抑制干扰方面表现出显著优势。与 LTE 中的波束赋形技术相比，5G 中的天线阵列从一维多天线升级为二维多天线，使波束赋形技术从二维拓展到三维，能够同时控制波束在水平和垂直方向上的形状，如图 4-3 所示。

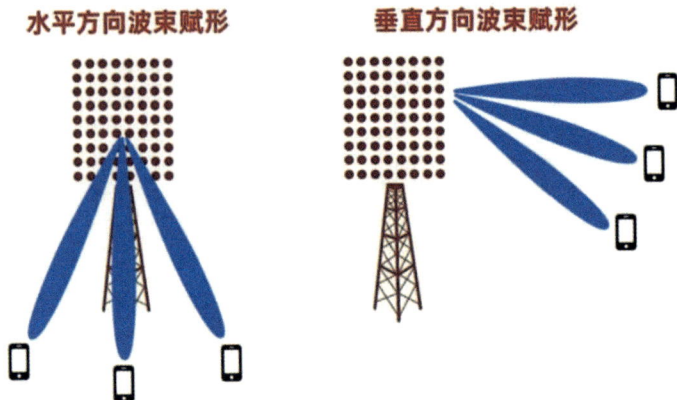

图 4-3　大规模天线阵列技术水平方向波束赋形和垂直方向波束赋形

2. 网络切片技术

网络切片技术可以将一个物理网络在逻辑上划分为多个独立的虚拟端到端网络，每个虚拟网络都能获得独立的逻辑资源，并且各个切片之间相互隔离。因此，某个切片出现错误或发生故障，不会对其他切片产生影响。5G 网络中的切片技术就是将 5G 网络划分为多个虚拟网络，以支持更多的业务类型。

5G 网络具有高速率、低时延、大连接 3 个特性，不同的应用场景需要利用 5G 网络的不同特性。例如，通过 5G 网络远程控制无人机飞行过程中，为了躲避障碍物，需要在几毫秒的超低时延内与网络进行极高可靠的通信。与之不同的是，当利用 5G 网络实时回传无人机拍摄的高清视频时则需要用到 5G 网络的大带宽特性，确保通过 5G 网络观看实时视频时不出现延迟或卡顿的情况。

5G 网络的三大特性能够满足不同领域需求的网络连接，促进各行业的能力提升与转型。为了实现这个需求，我们就想到了部署几张独立的子网络来支持 5G 的几大场景。这时，网络切片就发挥了巨大的作用。因为利用网络切片技术划分的这些子网络的无线、承载和核心网等资源都完全与其他网络隔离开，所以这些网络之间相互独立，互不干扰，并且在同一个子网络类别下，还可以进一步细分资源，构建出更下一层的子网络。

5G 网络切片可以带来以下价值：

- 保证业务服务等级，包括带宽、时延、丢包率和抖动等网络指标；
- 安全性高，可获得一个逻辑上独立的网络，避免网络风险，同时避免泄密；
- 系统具备自运维能力，切片租户能够查看与自己切片有关的状态和网络统计指标。

基于网络切片技术，电信运营商可以为不同行业、不同场景提供定制化的网络资源服务，而这类定制的网络甚至可能与企业的生产效率、业务创新、技术迭代息息相关。

3. 边缘计算技术

随着自动驾驶汽车、网联无人机系统等新兴业务的快速发展，未来无线网络的发展会有两个趋势：出现海量连接，以及由此产生海量数据。若海量数据实时传输至云计算中心进行决策处理，这不仅对算力和带宽提出了极为苛刻的要求，而且因延迟问题导致的即时响应挑战更是不容忽视。

面对这样的场景，边缘计算就体现出它的优势了。简单地说，边缘计算本质上是一种服务，类似于云计算和大数据服务，但这种服务更贴近用户。由于它部署在靠近用户设备的位置，因此可以通过算法即时做出决策反馈，从而有效减轻云端的负担，并使海量连接和海量数据处理变得更加可行，如图 4-4 所示。

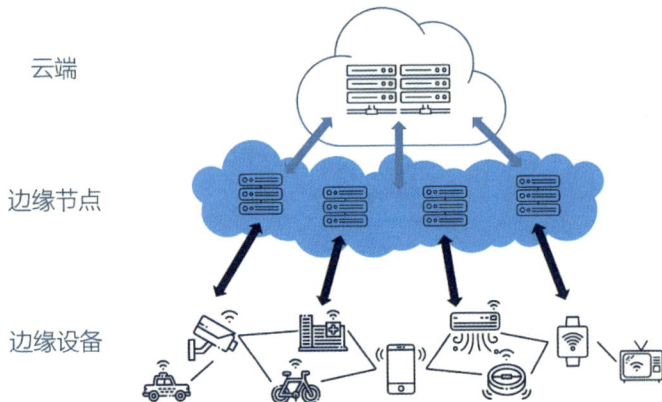

图 4-4   边缘计算技术

在传统云计算模式下，高延迟、带宽不足和安全性低等问题较为突出。而边缘计算着重致力于解决这些问题，其具有以下优点。

● 低延迟：在用户设备侧附近部署计算能力，从而实现设备请求的实时响应。

● 低带宽要求：将工作迁移至更接近用户或终端，边缘节点服务减少了向中枢发送大量数据处理的请求，从而显著降低带宽限制带来的影响。

● 隐私保护：数据本地采集、本地分析、本地处理，有效减少了数据暴露在公共网络的机会，保护了数据隐私。

边缘计算技术应用到 5G 网联无人机系统，将服务部署到无人机管理运营云平台或地面近端服务器，可实现对无人机采集数据的实时快速处理，从而减少大量数据回传对网络造成的压力，降低网络时延。

4. 干扰协调技术

大规模天线阵列的天线数量显著增加，通常为 64、128、256 或更多，且天线与射频单元集成，构成有源天线单元（Active Antenna Unit，AAU）。

随着基站天线数量的增加，基站可以同时服务多个用户，甚至形成几百个信道。由于这些信道相互独立，同时出现衰落的概率大大降低，反而使通信系统更容易处理。通过使用大规模天线阵列技术对信号进行联合接收解调或发送处理，相对于传统多天线技术，大规模天线阵列技术能够显著提升单用户链路性能和多用户空分复用能力，从而增强系统的链路质量并提升传输速率。此外，大规模天线阵列技术增加了垂直方向的波束自由度，能够非常灵活地调整波束在水平和垂直方向的形状，从而显著提升基站的立体覆盖能力。这种技术通常应用于热点地区、高层建筑或需要深度覆盖的区域。对于无人机通信，利用大规模天线阵列技术在垂直和水平面上进行波束赋形，可以实现精准发送和接收。

在无人机通信的下行链路中，精准的窄波束不仅提升了对无人机的覆盖范围，还能有效减少小区内或小区间的干扰。如果能够实现多小区协作波束赋形，无人机的下行链路传输质量将得到进一步提升。

在上行链路中，基站可以通过波束赋形技术形成接收波束，而无人机侧也可以形成发送波束。这种方式不仅可以支持无人机上行传输大容量高清视频，还能减少无人机对地面终端的干扰，从而优化整个通信系统的性能。

5G 网络基站侧采用大规模天线阵列技术后，基站发射的下行波束相比 LTE 更窄，因此通常可以增强有用信号的能量并减少基站之间的干扰。然而，由于无人机在空中进行三维方向的运动，当无人机密度增大时，邻区之间的干扰依然不可忽视，因此多小区间的干扰协调与协作波束赋形仍需进一步研究，以减小干扰。鉴于无人机与基站之间的通信信道大多是视距（Line of Sight，LOS）信道，而无人机终端通常配备全向天线，这使无人机的上行链路会对地面终端产生较大的干扰。这种干扰不仅影响数据信道的传输，还会对信道探测参考信号造成干扰。

针对无人机的下行干扰问题，可以通过多小区间的协作波束赋形来消除部分下行干扰。此外，无人机的位置信息和飞行路径信息也可以用于辅助资源调度和干扰消除。针对上行干扰问题，可以通过无人机的多天线发射波束赋形和功率控制来解决。

4.1.3 5G 低空网络覆盖的技术难题

5G 低空网络覆盖的建设过程中面临着一系列技术难题，这些难题源于低空通信环境的特殊性和复杂性。首先，低空网络覆盖需要考虑到与地面和高空网络的协同工作，这就导致了网络部署和管理中的诸多困难。其次，由于无人机、低空飞行器等设备的动态变化，信号的覆盖范围和质量往往受限，且随着无人机飞行高度和速度的变化，网络连接的不稳定性会加剧。具体地说，5G 低空网络覆盖面临的技术难题主要包括覆盖邻区关系复杂、空中同频干扰大、天线零位问题突出。这些问题不仅影响网络的稳定性和可靠性，也增加了网络设计和优化的难度，需要在实际部署中得到解决。

1. 覆盖邻区关系复杂

基于地面不同高度的最强接收功率的小区关联模式，如图 4-5 所示，相同颜色覆盖的区域表明该区域内的无人机与基站小区相关联，即无人机可以接入同颜色的基站小区。从图中可以明显看出，随着高度的变化，小区关联模式会发生显著的变化。

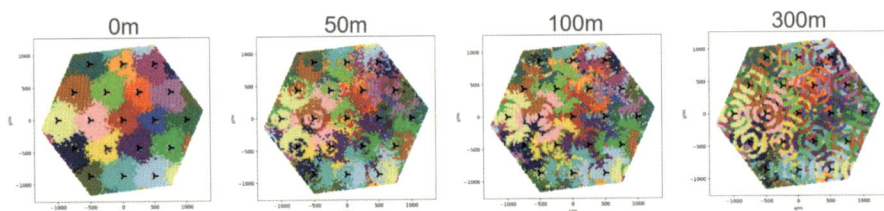

图 4-5 不同高度的小区关联图

在理想情况下，地面上的小区关联模式通常是一个明确界定的连续区域。而且，在该区域内，信号最强的小区通常是距离无人机最近的小区。然而，随着无人机高度的增加，天线的旁瓣效应开始显现，导致信号最强的小区不一定是距离无人机最近的小区。在这种情况下，无人机与基站的小区关联模式变得更加碎片化，邻区关系也变得更复杂，难以有序规划。这种碎片化的关联模式会给网络优化和资源管理带来挑战，需要额外的机制处理邻区之间的干扰和切换问题。

2. 空中同频干扰大

空中无线电信道表现出与地面无线电信道截然不同的传播特性。空中无线电信道的一个显著特征是空中没有障碍物，视距（LOS）传播的可能性比非视距（NLOS）传播的可能性更高，如图 4-6 所示。

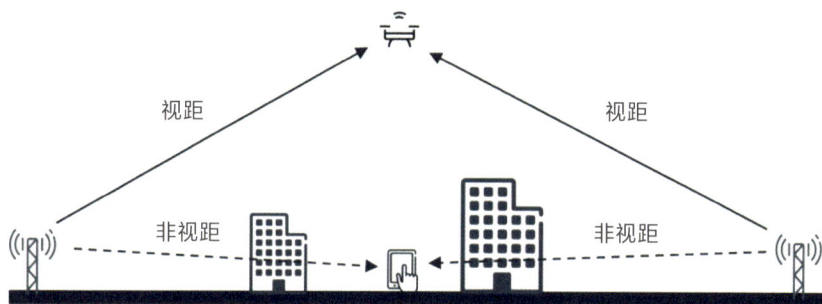

图 4-6　无人机与地面用户信号传播路径示意

大多数无人机的飞行高度位于基站天线之上，这导致其无线通信环境与地面用户有所不同。如果无人机的飞行高度低于或接近基站天线高度，其无线电传播特性会与地面用户的传播特性趋于一致。相反，当无人机在基站天线高度以上飞行时，传播路径被树木、建筑等障碍物遮挡的可能性降低，其上行信号可能会被更多基站接收，同时也能够检测到来自更多站点的下行信号，重叠覆盖度更高，导致干扰增加。无人机在空中接收了大量来自邻区的信号，相邻小区的数量超过了十几个，导致信号与干扰加噪声比（Signal to Interference plus Noise Ratio，SINR）下降[1]。

无人机飞行所处位置的高度存在用户与多个邻区进行视距传播的情况，导致低空场景同频干扰比地面的同频干扰更严重。高强度的干扰会导致较低的信噪比，使无人机用户的信号接收和解码变得很困难。

3. 天线零位问题突出

用于地面覆盖（天线下倾角向下）的传统基站做低空无人机覆盖，会存在天线零位问题。

如图 4-7 所示，定向天线有多个旁瓣，通过天线零位相互分开。在天线零位方向（旁瓣之间的间隔）几乎不发射无线电波。

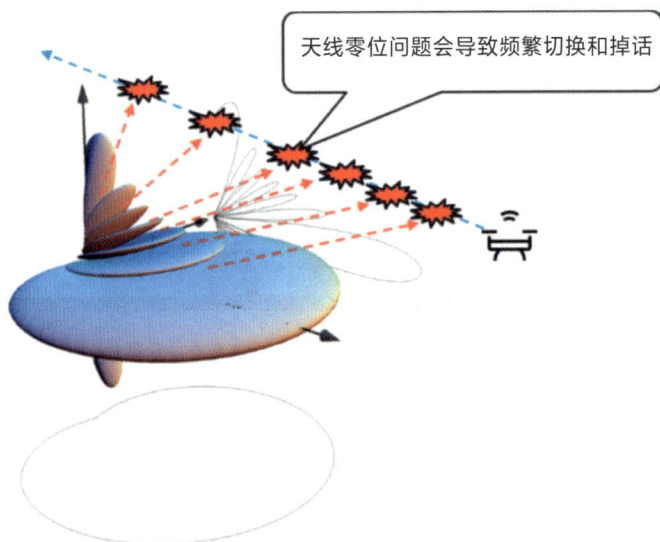

图 4-7 天线旁瓣零位区域示意

　　无人机处在服务小区的天线零位区域时可能被其他小区的旁瓣覆盖，从而发生服务小区切换。由于旁瓣存在多个天线零位区域，这样可能会带来频繁的切换。

　　在实际应用中，由旁瓣零位覆盖区域引发的信号强度突降，可能导致连接链路故障的问题尤为突出。当由旁瓣提供服务的无人机在空中移动时，其接收到的信号强度可能会急剧下降。这种现象可以通过图 4-8 所示的模拟示例来说明。

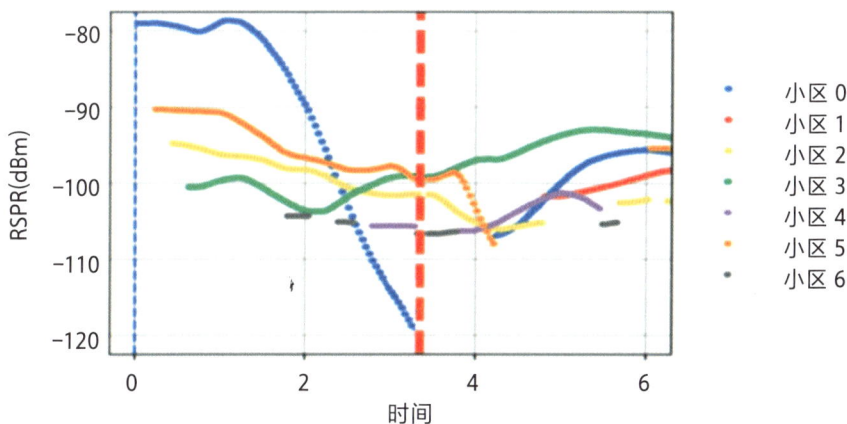

图 4-8　无人机在空中移动时覆盖信号强度剧烈变化

　　在模拟过程中，无人机对小区信号强度进行测量。模拟开始时，无人机选择了小区 0（由蓝色虚线标记）作为服务小区。随着时间的推移，几秒后，该小区的信号强度开始迅速下降。在无人机能够切换到另一个小区之前，就如粗红色虚线标记的时刻，链路故障已经发生。

　　这个问题表明，当无人机在旁瓣区域内移动时，信号强度的不稳定性会增加链路中断的风险。为了缓解这个问题，在网络设计和优化过程中需要考虑旁瓣效应，并加强切换机制，以减少无人机在高度变化或移动过程中可能遭遇的连接问题。

4.2 5G 低空网络覆盖的设计方案

4.2.1 5G 低空网络分层架构

5G 网络在垂直维度上的覆盖与 4G 网络相比具有明显的优势。经过实际测试（参考 4.2.2 节），目前移动蜂窝网络在 300 m 高度以下空域地面基站的信号覆盖强度较高。经过合理的网络优化，结合网络切片、服务质量等业务保障措施，300 m 高度以下使用地面公共网络一张网即可满足大部分无人机应用的需求，可大大节约网络投资成本[①]。

当飞行高度超过 300 m 时，无人机可同时接收到的基站信号数量明显增多，下行干扰加大，部分区域可能出现无法接入或业务中断的问题。所以，300 m 高度以上的空域需要有针对性地进行网络规划，针对指定航线或区域的无人机行业应用，如海岸巡查、高速巡查、山林防火等场景，可以建设无人机专用低空覆盖网络。采用专用对空覆盖天线，可以使覆盖高度达到 300 ～ 2000 m。

当无人机飞行高度超过 2000 m 时，地面网络信号强度衰减增大，接收信号变弱，此时则需要结合卫星通信完成全覆盖。

综上所述，可将低空空域按高度进行分层，并将移动蜂窝网络与卫星通信融合，达到低空网络分层覆盖的效果，构建空天地一体化网络。空天地一体化网络的分层架构如图 4-9 所示。

---

① 参考 2021 中国国际工业互联网大会发布的《基于 5G 通信技术的无人机立体覆盖网络白皮书》。

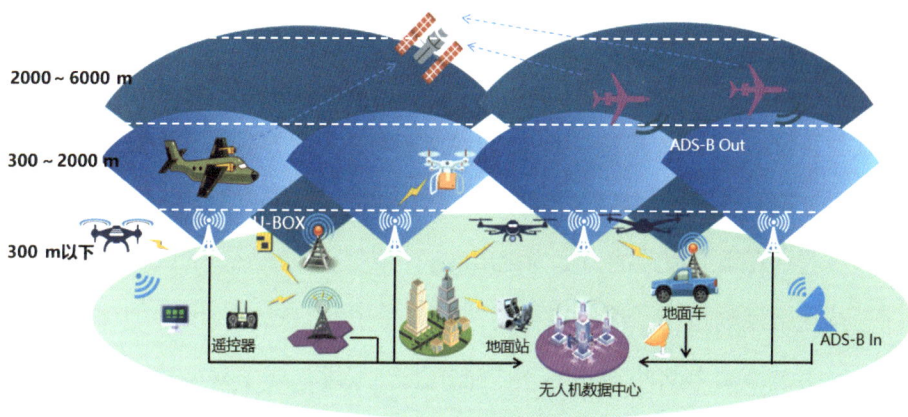

图 4-9　空天地一体化网络的分层架构

关于 5G 网络的传输速率，3GPP 协议定义的下行业务信道峰值速率为 1 Gbps 以上，上行业务信道峰值速率为 300 Mbps 以上，均为 4G 网络的 10 倍左右。5G 网络的空口时延将达到 1 ms，因此 5G 网络能广泛应用于时延敏感的场景。

基于 5G 移动通信的网联无人机系统低空组网方案，借助 5G 的技术优势实现了空地一体化立体覆盖。5G 网联无人机系统的机载终端及地面 5G 终端均通过 5G 网络传输业务数据和控制信号，各类业务则由应用服务器进行加载。

4.2.2　5G 低空网络组网及覆盖方案

1. 5G 低空网络空地共网

中国移动建设了全球最大的 5G 网络，其 5G 基站数量超过了全球 5G 基站数量的 30%。中国移动 5G 网络采用了 2.6 GHz 作为主覆盖频段，在同等基站规模条件下，其覆盖能力优于 4G 网络。

为充分发挥 5G 网络在多波束覆盖上的优势，中国移动 5G 宏基站采用了 32 通道、64 通道等大规模振子天线设备。覆盖性能与通道数呈正相关。在城区场景下，32 通道和 64 通道的性能较为接近，并且它们在垂直维度上都有覆盖性能增益。64 通道天线在垂直方向最多可有 4 层波束，对 30 m 以上楼宇的垂直维度覆盖能力更为突出。

在网络规划层面，多波束能力改变了传统链路预算仅关注边缘覆盖的概念。多波束覆盖将小区边界从二维扩展到三维，要求对网络规划方法进行变革。这意味着需要根据用户分布和业务类型提供多种约束条件的三维覆盖规划。

对于连续覆盖，建议一般场景按垂直维度业务波束包络的上 3 dB 对准小区边界进行规划，垂直多维波束主要用于下旁瓣填充覆盖；对于覆盖不足的场景，可适当抬高下倾角，以垂直维度业务波束包络的最大增益方向对准小区边界进行规划。但无论哪种场景，垂直维度波束应尽量用于增强小区内部覆盖，避免上扬方式引起过多干扰。因为随着高干扰邻区的数量增加，吞吐量会明显下降。因此，控制重叠覆盖，从而减少高干扰邻区数量，是非常有必要的。

基于成本考虑，如果为无人机低空覆盖建设一张专用的网络显然是不可行的。由于 5G 网络在垂直方向上的覆盖优势，在低空空域直接利用地面现有的 5G 网络提供覆盖成为可能。但当前 5G 网络的覆盖设计及测试优化仍然大部分是针对地面的，空中部分区域会存在干扰严重、覆盖空洞、性能不达标等问题。

以中国移动 2.6 GHz 频段为例，为摸索地面网络在低空的覆盖情况，在密集城区、普通城区和郊区等场景展开的测试结果（见表 4-1、表 4-2、表 4-3）表明，大规模天线阵列技术使 5G 空间上的覆盖能力明显好于 4G，基本可以覆盖到 300 m 高度。但随着高度的增加，确实出现了覆盖空洞和业务速率下降的问题。

表 4-1　密集城区场景测试结果

密集城区高度（m）	2.6 GHz 频段覆盖指标统计	
	上行速率≥25 Mbps 占比	RSRP[①]≥-95 dbm 占比
100	99%	100%
200	97%	100%
300	87%	85%

注：以上测试结果基于某密集城区 2.6 GHz 轻载网络。

表 4-2　普通城区场景测试结果

普通城区高度（m）	2.6 GHz 频段覆盖指标统计	
	上行速率≥25 Mbps 占比	RSRP≥-95 dbm 占比
100	95.42	100%
200	96.07%	100%
300	84.88%	72.72%

注：以上测试结果基于某普通城区 2.6 GHz 轻载网络。

表 4-3　郊区场景测试结果

郊区高度（米）	2.6 GHz 频段覆盖指标统计	
	上行速率≥25 Mbps 占比	RSRP≥-95 dbm 占比
100	95.17%	100%
200	96.58%	100%
300	91.23%	76.54%

注：以上测试结果基于某郊区 2.6 GHz 轻载网络。

因此，中国移动采用了以 2.6 GHz 频段为主要覆盖、4.9 GHz 频段作为补充覆盖的低空覆盖组网方式，从而解决了 300 m 以下低空的覆盖问题。

---

① RSRP，即参考信号接收功率（Reference Signal Received Power）。

通过进一步分析发现，低空覆盖的问题主要分为两类：第一类是信号差，如弱覆盖或无覆盖；第二类是有覆盖，覆盖信号强度不低，但是干扰信号强度大，从而导致 SINR 差、业务速率下降。

针对第一类由于信号弱覆盖或无覆盖导致的问题，不同的原因有不同的解决方案。以中国移动为例，如果采用 2.6 GHz 组网，无人机飞行路线所在区域的 2.6 GHz 站点稀少，需考虑进行站点加密补盲。如果飞行高度过高，2.6 GHz 部署是针对满足地面用户而部署的，可采用 4.9 GHz 进行补盲，同时天线倾角上扬，在低空垂直维度进行补充覆盖。

针对第二类由于干扰强导致的问题，可采用以下方式降低干扰。

- 采用大规模天线阵列技术形成较窄波束对准服务用户，减少小区内和小区间干扰。
- 采用协作传输的方式，即多个小区间协调在时、频、空、码、功率域的资源减少干扰，如资源预留、小区合并等。
- 增强 5G 终端能力。在 5G 独立组网场景下，4G 终端大部分是单发，发射功率为 23 dBm，而 5G 终端大部分是双发，发射功率为 26 dBm。所以，5G 的上行覆盖能力相比 4G 也有明显的优势。

此外，2.6 GHz 网络主要满足对地面用户进行覆盖，在低空场景存在天线零位带来的频繁切换、断链、邻区关系复杂等问题。而且，随着高度的增加，问题会进一步恶化。因此，网络规划团队建议引入 4.9 GHz 网络协同进行低空覆盖，即在 2.6 GHz 网络无法满足无人机低空飞行需求的高度采用 4.9 GHz 网络进行覆盖补充。4.9 GHz 网络与 2.6 GHz 网络协同低空覆盖，减少了无人机与地面用户共用 2.6 GHz 网络带来的各种问题，构建了地空一体化网络覆盖，如图 4-10 所示。

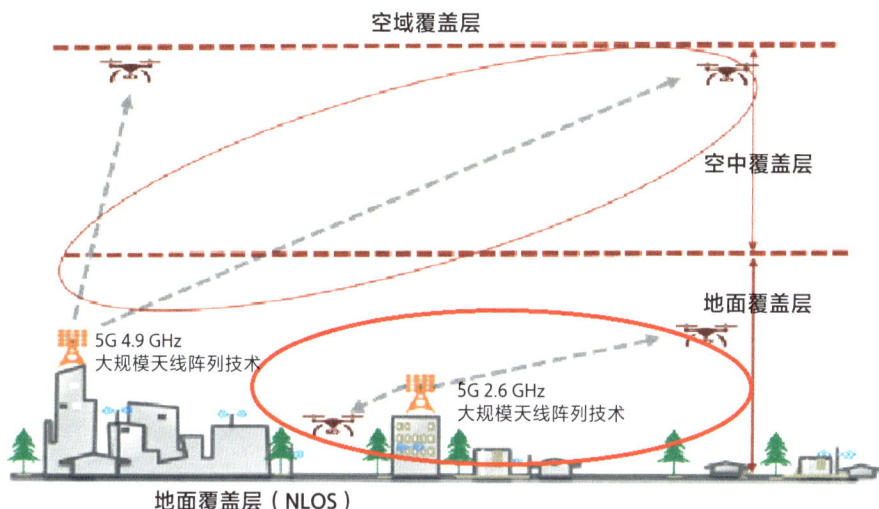

图 4-10　2.6 GHz 网络与 4.9 GHz 网络协同覆盖

引入 4.9 GHz 频段之后，形成 2.6 GHz 网络与 4.9 GHz 网络频段协同覆盖的策略，组网方式建议如下。

- 传统 2.6 GHz 频段 64T64R 站点主要针对地面覆盖，因为其在垂直维度有 4 层波束，可提供一定高度的低空覆盖。经过大量测试数据验证，上行满足 4K 高清视频回传的 25 Mbps 传输速率需求；在 150 ~ 200 m（作为 2.6 GHz 和 4.9 GHz 切换带）及 150 m 以下空域可用 2.6 GHz 覆盖；如果出现 2.6 GHz 站点负荷较高，可考虑采用切片方式进行保障。

- 2.6 GHz 网络在低空区域，因为天线零位、重叠覆盖带来干扰等问题无法避免，建议这些区域用 4.9 GHz 异频覆盖补充，避免无人机业务速率掉坑甚至断链的现象发生。

- 2.6 GHz 频段可单独覆盖 200 m 以下，而 4.9 GHz 频段主要聚焦 150 ~ 200 m（作为 2.6 GHz 和 4.9 GHz 切换带）及 200 m 以

上高度空域覆盖，不同覆盖高度需求可通过天线下倾角调节进行优化。

- 2.6 GHz 与 4.9 GHz 切换门限，建议根据实际业务对速率的要求，通过现网测试推导出实际切换电平门限。以上行 25 Mbps 需求为例，2.6 GHz 频段配置 100 Mbps 带宽，时隙配比为 8：2，发射功率为 160 W，RSRP 在 –97 ～ –95 dBm 可满足上行 25 Mbps 的速率要求；对于 4.9 GHz 频段 100 Mbps 带宽，时隙配比为 7：3，发射功率为 200 W，RSRP 在 –99 ～ –97 dBm 可满足上行 25 Mbps 的速率要求。

- 无人机低空飞行时，无线信号传输主要依赖视距传输。根据无人机的飞行路径，需要对邻区参数进行有序优化，以避免频繁的切换。为了支持无人机的低空飞行，建议业务层面合理规划可能的飞行路径，并通过网络进行相应的有序覆盖。如果无人机进行盲飞，则需要确保在任何地点都能满足飞行需求（例如上行速率达到 25 Mbps）。然而，低空通信环境的复杂性将导致较高的网络部署及优化成本。

2. 5G 低空网络行业专网覆盖

在公网的基础上，中国移动可进一步提供定制化的组网服务。各行业的应用场景丰富，覆盖需求具有个性化特点。除了典型的城市、园区和农村覆盖需求以外，运营商还要满足民航空对地通信（Air To Ground，ATG）高空覆盖、无人机低空覆盖、河道航运覆盖、港口海面超远覆盖、矿山深度覆盖等垂直行业的个性化覆盖需求。通过定制化的组网能力，中国移动可以提供符合不同场景和站型的定制化覆盖，确保极致的网络覆盖效果。

　　湖面、海面、高速公路、电力线等范围大、线路长的区域适合建设低空专网用于无人机业务，常见应用场景为湖面 / 海面巡查、电力线巡检、高速巡查。基站信号可对空发射，根据信号覆盖高度的要求设置不同的天线对空角度。

　　在上述分析中，我们已经讨论了中国移动在网络规划方面的优势，接下来将从 3 个关键领域进一步阐述中国移动如何通过技术和策略保障其业务的高效运行和优质服务。

　　（1）在频谱利用方面，中国移动具有丰富的全国授权频谱，不同频段和带宽的频谱具有不同的覆盖和性能优势。对于保障业务性能和安全，专用的频谱具备独特的优势。

　　由于低空专网场景通常对覆盖距离的要求较高，所以建议选用较低的频段作为低空覆盖频段。低频在覆盖距离上具有优势，以 700 MHz 频段为例，在相同功率的情况下，700 MHz 的覆盖距离约为 2.6 GHz 所能覆盖距离的 3.7 倍，为 3.5 GHz 所能覆盖距离的 5 倍。

　　另外，700 MHz 为 FDD 模式，空口往返路程时间（Round-Trip Time，RTT）相比 2.6 GHz TDD 模式低约 60%，如图 4-11 所示。

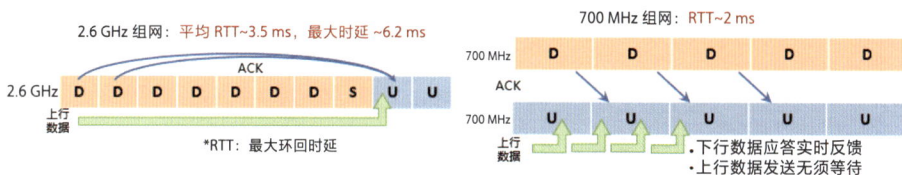

图 4-11　FDD 700 MHz 和 TDD 2.6 GHz 空口 RTT 对比

　　（2）在组网方面，中国移动基于大网业务的特性定制一定种类的基站站型和系统配置，如帧结构。在此基础上，专网的个性化需求可能需要更多的灵活站型配合系统配置来满足，但也会带来网络成本的上升。这在专网设计时也需要统筹考虑。另外，如何在保障专网用户网络性能的同时与公网用户协同工作，使专网用户既能充分享受大网低成本的优势，又不互相干扰，干扰和协同问题必须重点考虑。

（3）在业务保障方面，无线侧提供了包括速率、时延、可靠性、接入控制等多种保障手段。无线信道环境错综复杂，如何更有效且多维度地提升业务保障能力，以及如何标识和明确保障范围与效果，都是在形成专网解决方案时需要重点考虑的问题。

除了以上关于无线网络需要重点考虑的 3 方面问题，低空专网还需要考虑端到端的网络架构，如核心网网元的部署方式、专网的运维方案、无线网络的定位等增值能力。

3. 5G 低空网络空中无线信道传播模型

中国移动设计了业界第一张针对无人机飞行空域覆盖的 5G 移动通信网络，在业界首次实现利用 5G 网络作为无人机的通信与控制链路，控制其飞行并实现实时信息交互，提出适用于 300 m 以下低空的无线信道传播模型。

无人机在空中收到的邻区数量多达十几个，导致平均 SINR 下降至 0 db 左右。传统蜂窝网络对空覆盖干扰大、丢包多，不满足无人机的通信和控制需求。实测数据显示，无人机位于 50 m 的高度时，小区频繁切换，切换失败和掉线的次数比在地面高出 2 ～ 5 倍。

在实际低空覆盖的应用中，并无有效的无线信道传播模型可直接使用。中国移动选取了多种地理环境，通过大量的定点和动态数据采集建立了无人机低空覆盖特征库，并基于特征库数据构建了适用于低空 LOS 径及多径效应场景下的无线信道传播模型，如图 4-12 所示。

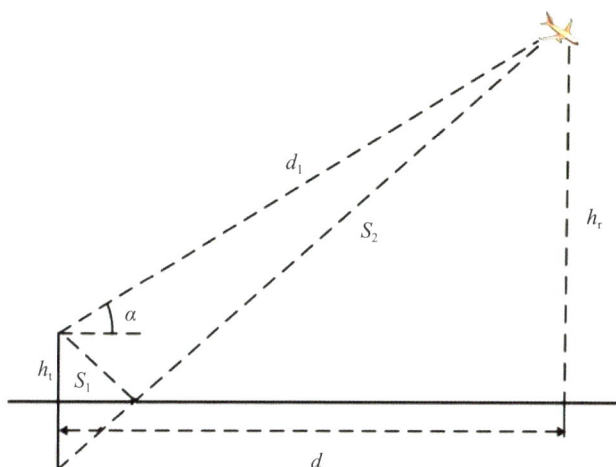

图 4-12　低空无线信道传播场景建模

仅考虑 LOS 径的传统空地信道模型难以直接应用于低空双径效应明显的环境的信道建模。引入低空双径效应的模型如下：

$$F = -11.0641\lg\left(d_1\right) - 0.2909\sin\left(\frac{4\pi h_t h_r}{\lambda d}\right) + C$$

$$C = -1.7946 \times 10^{-7} h^3 + 2.5 \times 10^{-4} h^2 - 0.117h - 76.863$$

其中，d_1 为直射路径，d 为水平距离，h_t 为发射天线高度，h_r 为接收天线高度，h 为无人机飞行高度，λ 为波长，C 为与高度有关的修正因子。

$B\sin(4\pi h_t h_r/\lambda d)$ 为反射径分量。当收发端的仰角处于中仰角区时，通常会出现明显的多径效应，其中地面反射信号的能量远超其他路径的能量，因此主要考虑地面的反射径分量。在低空和中仰角区，sin 函数可以很好地描述反射径分量造成的接收功率的波动。

通过信道模型公式仿真与实测结果对比，趋势一致，均方差小于 3，如图 4-13 所示。

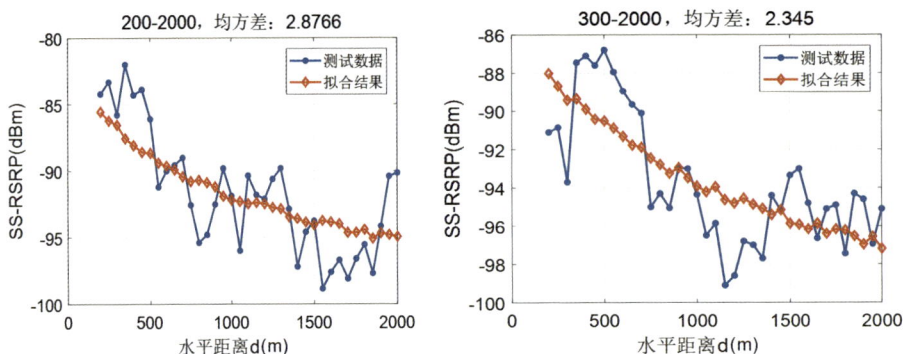

图 4-13　信道模型仿真与实测结果对比

4. 5G 低空网络容量设计与提升

视频回传业务已成为无人机的核心应用场景之一。目前，无人机对下行链路的速率需求相对较低，上行链路容量不足的问题也较为罕见。然而，随着未来无人机密度的大幅增加及地面用户业务负载的显著提升，小区容量受限的问题将可能愈发突出。相对于 4G 网络，5G 网络凭借大带宽、精准波束的多天线技术、高阶调制及终端增强等先进技术，极大地提升了上行容量，从而有效缓解了这个潜在问题。在 To C 与 To B 共用一张无线网的场景中，而且当负载较高时，可以采用切片方式保障 To B 的下行业务需求。

无人机应用对上行业务的容量要求较高，具存在明显的上下行业务不对称性。无人机的上行速率需求差异显著，从几 Mbps 到上百 Mbps 不等。随着未来高清视频回传等应用场景的不断拓展，无人机的速率要求还将持续攀升。与此同时，无人机上行链路所带来的干扰问题也不容忽视，这使蜂窝网络在满足无人机上行容量需求时面临严峻挑战。

在 5G 终端设计中，受天线复杂性和发射功率限制等因素影响，上行链路通常采用 2 个发射通道（2Tx）。理论上，上行双流传输可使等效带宽翻倍。但在多频段组网时，由于通道数量有限，性能未能达到最优。通过采用带内载波聚合技术，可实现吞吐量的线性叠加，充分发挥不同频段的协同优势，为用户提供更优质的网络保障。基于 R16 标准的 5G 载波聚合技术，将进一步推动 VR/AR、4K/8K 高清直播、工业数据采集等大上行场景的业务发展。此外，载波聚合技术既适用于 To C 消费级场景，也适用于 To B 行业级应用。

5. 降低 5G 低空网络传输时延，提升可靠性

无人机在执行指挥与控制数据业务时，需要较低的网络传输时延。此外，高清视频回传还要求尽可能降低时延，而高传输可靠性对于飞行安全更是至关重要。通过以下方式，5G 网络有效降低了网络传输时延，并提升了可靠性。

- 核心网用户面功能下沉，在缩短传输路径的同时，也可以控制数据传输的范围。
- 无线侧通过预调度、免授权调度、符号级调度等方式进一步降低空口时延。
- 通过上行增强技术进一步降低空口时延。
- 提升终端数据处理能力，核心网降低数据转发时延。
- 对核心网设备内部进行单板主备。
- 网络设备节点接口采用主备连接方式。
- AB 双网异频冗余组网。
- 无人机机载终端需要考虑在网络断链情况下的应急处理。

6. 5G 低空网络干扰协调机制

随着 5G 网络基站采用大规模天线阵列技术，基站侧发射的下行波束较

LTE 更为窄小，从而提高了有用信号的能量，并减少了站间干扰。然而，由于无人机在空中进行三维方向的运动，当无人机的密度增大时，邻区之间的干扰问题变得不可忽视。因此，如何有效地协调多小区之间的干扰，特别是通过协作波束赋形等技术，仍需进一步研究，以减少干扰。

由于无人机与基站之间的信道通常是视距（LOS）信道，而无人机终端的天线往往是全向天线，这种全向天线在上行链路对地面终端产生了较大的干扰。该干扰不仅体现在数据信道中，也包括在 SRS 导频信号中。

应对这些挑战可采用以下方法。

（1）通过多小区协作波束赋形消除无人机的下行干扰。此外，无人机的位置信息和飞行路线信息可以用于辅助资源调度和干扰消除。针对无人机上行干扰的问题，可以通过无人机的多天线波束赋形和功率控制技术加以解决。这些措施将有助于减少对地面终端的干扰，并提高系统的整体性能。

（2）通过多天线技术提升空分复用能力，降低信道衰落概率。大规模天线阵列系统的天线数量显著增加，通常达到 64、128、256 甚至更多，并且天线与射频单元集成为有源天线单元（AAU）。随着基站天线数量的增加，相对于用户设备，基站可以拥有几百个独立的信道。如果这些信道相互独立，那么它们同时陷入衰落的概率会大幅降低，这使通信系统的信号处理变得更加简单且易于管理。通过使用大规模天线阵列技术对信号进行联合接收解调或发送处理，相对于传统多天线技术，大规模天线阵列技术可以大幅提升单用户链路性能和多用户空分复用能力，从而显著增强了系统链路质量和传输速率。大规模天线阵列系统引入了垂直维度的自由度，能够灵活调整水平和垂直维度的波束形状。因此，基站的三维覆盖能力得到了显著增强。

（3）通过精准的波束赋形覆盖，可以有效减少波束间及小区间的干扰。

在无人机通信中，利用大规模天线阵列技术在垂直面和水平面的波束赋形能力，能够形成精准的窄波束用于数据的发送和接收。在下行链路中，这种精准的窄波束不仅可以提升无人机的覆盖能力，还能显著降低波束间和小区间的干扰。如果能够实现多小区协作波束赋形，无人机的下行链路传输质量将得到进一步优化，从而更好地支持机载数据的高效传输。在上行链路中，波束赋形技术可以灵活应用于基站侧或用户侧：基站可以形成接收波束，无人机也可以形成发送波束。这种方式既能实现无人机上行链路的大容量高清视频传输，又能有效减少无人机对地面终端的干扰，提升整个通信系统的性能和可靠性。

7. 5G 低空网络射频（Radio Frequency，RF）优化

综上所述，低空覆盖的最大挑战在于干扰控制。参考地面的优化措施，低空覆盖可采用以下几种方法进行优化。

（1）场景化波束优化

5G NR 针对广场、高层建筑等不同场景提供了不同的广播波束场景化配置，低空覆盖优化可根据网络的具体情况有针对性地在某些基站选用不同的广播波束场景化配置。例如，可以配置为增加空间覆盖的场景化波束，垂直波束宽度可增加至 25°，比默认场景在垂直方向上的波束宽度更广，更有利于在垂直方向的信号覆盖。

（2）天线下倾角优化

天线下倾角包括机械下倾角和电下倾角，下倾角的调整可以影响信号的覆盖高度和范围，其中电下倾可以远程电调，所以在优化过程中优先调整电下倾角，其次是调整机械下倾角。无人机的业务速率取决于业务信道的质量。因此，下倾角规划需要基于业务信道覆盖最优的原则确定 5G NR

小区的机械下倾角。在低空覆盖中，建议采用垂直四维的大规模天线阵列系统，以实现更优的立体业务覆盖。使用信道状态信息参考信号（Channel State Information Reference Signal，CSI-RS）波束次内层波束法线方向指向目标高度和水平覆盖边缘的交叉点，可保障小区覆盖范围内的业务信号最优的连续覆盖。

（3）天线方位角优化

调整天线的方位角，并确保同步信号块（Synchronization Signal Block，SSB）方位角与 CSI-RS 方位角一致，对物理下行共享信道（Physical Downlink Shared Channel，PDSCH）进行覆盖优化。在低空无人机的连续覆盖目标下，初始方位角应指向目标区域，初始方位角采用标准指向，例如三扇区各间隔 120°，尽量保证所有站点的扇区方位角结构一致。在此基础上进行方位角调优，调整方位角指向弱覆盖区域或重点目标覆盖区域。不同站点相邻扇区形成交叉覆盖，交叉深度不宜过深，即避免异站相邻扇区对打。当低空无人机覆盖目标为固定线路时，则建议方位角瞄准目标线路覆盖。

（4）发射功率优化

调整发射功率会直接影响基站的覆盖范围及对邻区的干扰程度。在城区等基站密度较高的场景中，通常较少进行功率调整。而在郊区，为了增大覆盖范围可增加功率。同样，为了改善低空覆盖的质量，减少部分区域的干扰，可以对相邻小区的功率做非对等配置，增加服务小区的信号强度。

4.2.3 5G 低空网络安全策略

1. 数据隔离

通过逻辑隔离、物理隔离等手段满足不同数据隔离安全级别的要求，具体措施包括不同业务之间数据隔离，以及本地与公网数据完全隔离，如图 4-14 所示。

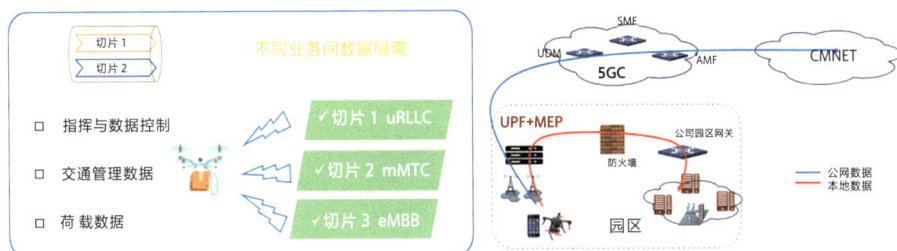

图 4-14　通过网络切片实现不同业务间数据隔离

网络切片可为不同切片生成独立的切片控制面或用户面密钥，在资源隔离的基础上实现切片信令、用户面数据逻辑隔离。

UPF 是边缘设备的唯一接入点，将行业业务数据分流至专用边缘计算节点，使业务数据不出本地环境，实现物理隔离。

针对每个切片（例如按照不同等级分类的无人机）配置相应级别的安全保护措施，从而实现切片安全即服务（Security as a Service，SaaS）。通过这种方式，运营商能够为垂直行业提供差异化、可定制的安全套餐，涵盖加密算法、参数设置、配置黑白名单、认证方法、隔离强度等多个方面。同时，运营商还可以实时监测安全套餐的性能表现，根据需要及时调整增强套餐内容，或者删除部分配套功能、优化资源配置。这些措施能够有效防止外部攻击，显著提升业务的端到端（End-to-End，E2E）安全性。

2. 接入认证

5G 网络可定义多重接入认证和信息加密方式。从较粗粒度的网络级认证到细化的切片认证，以及进一步的数据网络认证，不同的业务可以灵活配置不同级别的认证策略，以满足不同行业的接入安全需求。网络接入支持 EAP-AKA 双向认证（见图 4-15），支持 5G-AKA 增强归属网络控制。

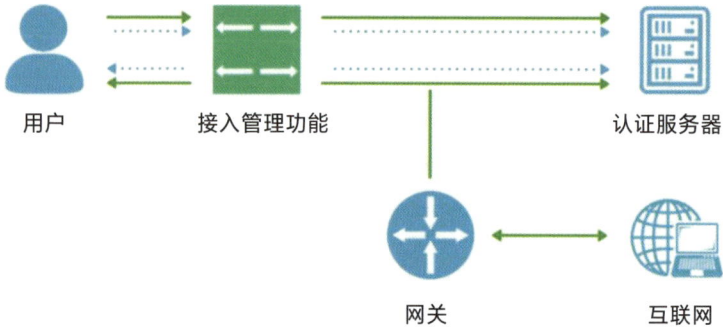

用户　　　接入管理功能　　　认证服务器

网关　　　互联网

图 4-15　5G 网络下用户接入双向认证

首次认证进行终端与网络之间基于运营商安全凭证的认证，以及认证成功后用户数据保护的密钥管理。

二次认证用于实现终端与外部数据网络之间的业务认证及相关的密钥管理，这体现了 5G 网络对业务的授权机制。

3. 身份识别

无人机产品识别码是无人机制造商在产品生产阶段赋予每架无人机的产品唯一标识，通常包含固定的编码格式，比如由制造商代码、产品型号代码和序列号组成。通过 5G 网络上报无人机身份识别信息到民航局管理系统，保证身份校验实时准确，可有效对"黑飞"问题进行监管，如图 4-16 所示。

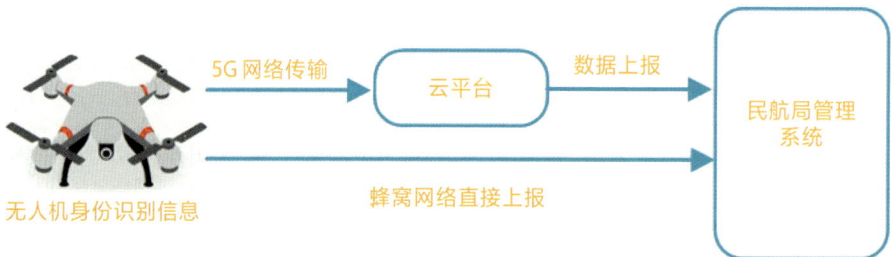

5G 网络传输　　　云平台　　　数据上报　　　民航局管理系统

无人机身份识别信息　　　蜂窝网络直接上报

图 4-16　无人机身份识别过程

4. 网络安全能力开放平台

5G 网络不仅在网络能力方面进行开放，还将安全能力开放给垂直行业，以满足其具体需求。这种开放包括为行业应用提供统一的身份管理、认证鉴权、密钥分发等安全服务，从而简化了行业应用的开发和部署过程。安全能力通过模块化部署，并以通用标准接口的形式提供。通过对不同安全能力的组合，可以快速构建满足多种业务端到端安全需求的解决方案。

4.3　无人机空天应急通信

4.3.1　空天应急通信总体架构

当大型自然灾害发生时，通信中断，灾区与外界无法实现互联互通，应急通信系统就能为人民群众的生命财产安全提供有力的保障。但是，现有的传统应急通信手段，如通信应急保障车和系留式无人机基站，受道路、气候、电力、通信线缆传输等因素制约，无法在短时间内到达受灾区域并及时恢复通信。

为了在道路、电力、网络都中断的场景下快速恢复灾区通信，中国移动自主研发了空天一体化应急通信系统，如图 4-17 所示。该系统将卫星通信与传统地面移动网络相结合，利用大型长航时无人机平台搭载移动通信基站，采用卫星链路回传数据，实现随时随地、全天候的应急通信保障。空天一体化应急通信系统具有续航时间长、飞行距离远、覆盖范围大等优势，可大幅度提升抢险救灾的应急响应效率和覆盖范围，为抢险救灾通信指挥提供了强有力的信息化支撑[①]。

---

① 陈盛伟、李帆、杨光平，等. 面向空天应急通信系统的空地连续覆盖技术研究与应用 [J]. 电信科学，2022.

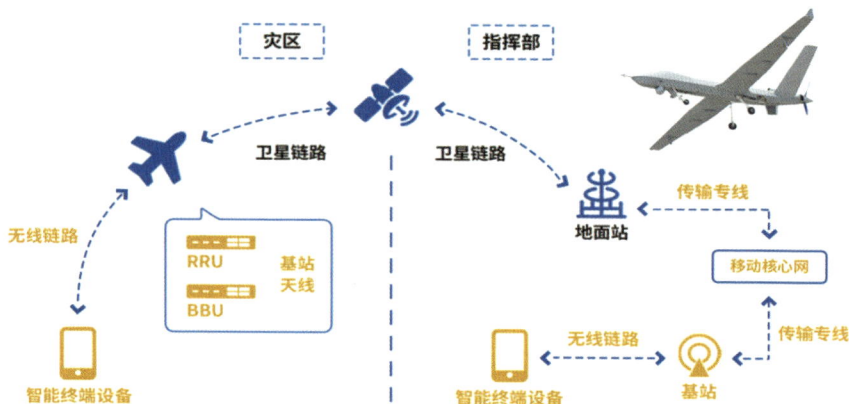

图 4-17　中国移动空天一体化应急通信系统

　　空天一体化应急通信系统主要包括空天、机载和地面 3 个部分。其中，空天部分主要包括通信卫星，实现无人机平台控制和业务数据回传；机载部分包括机载卫通、机载基站和无人机平台；地面部分包括卫通地面站、移动核心网和用户终端。在执行应急通信保障任务时，大型长航时无人机搭载基站和卫通设备在目标区域上空盘旋，基站对地实现无线信号覆盖，并将数据通过卫通系统回传业务到地面站，再通过地面专线连接到移动核心网。大型长航时无人机应急通信系统架构如图 4-18 所示。

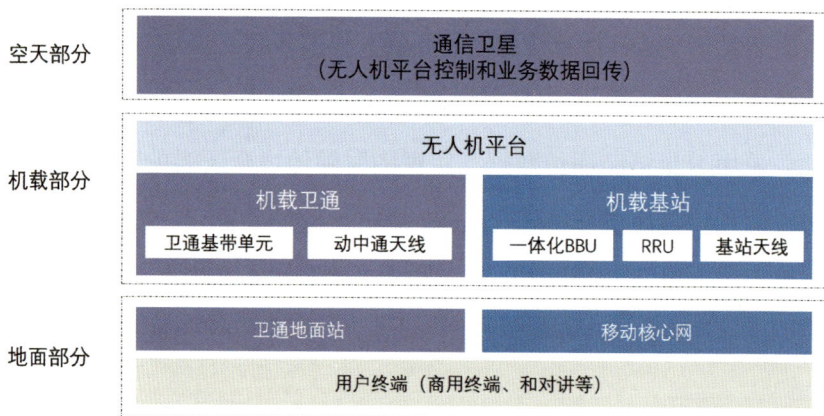

图 4-18　大型长航时无人机应急通信系统架构

4.3.2　空天应急通信网络能力及参数要求

1. 数据回传

大型长航时无人机应急通信系统通常以卫星通信作为数据回传链路。卫星通信中，C 频段（4 ～ 8 GHz）、Ku 频段（12 ～ 18 GHz）和 Ka 频段（27 ～ 40 GHz）是最常用的频段。其中，Ku 频段因其较高的频率和增益，以及相对较小的天线尺寸，便于安装和使用，能够有效降低接收成本并简化地面接收设备。此外，Ku 频段受地面干扰的影响较小，因此特别适用于动中通、静中通等移动应急通信业务。

机载卫通采用动中通天线，口径建议为 50 cm 以上。为保证卫星链路的信号收发灵敏度，卫通地面站可以使用大口径天线，地面站使用专线接入移动核心网。卫星通信数据回传组网如图 4-19 所示。

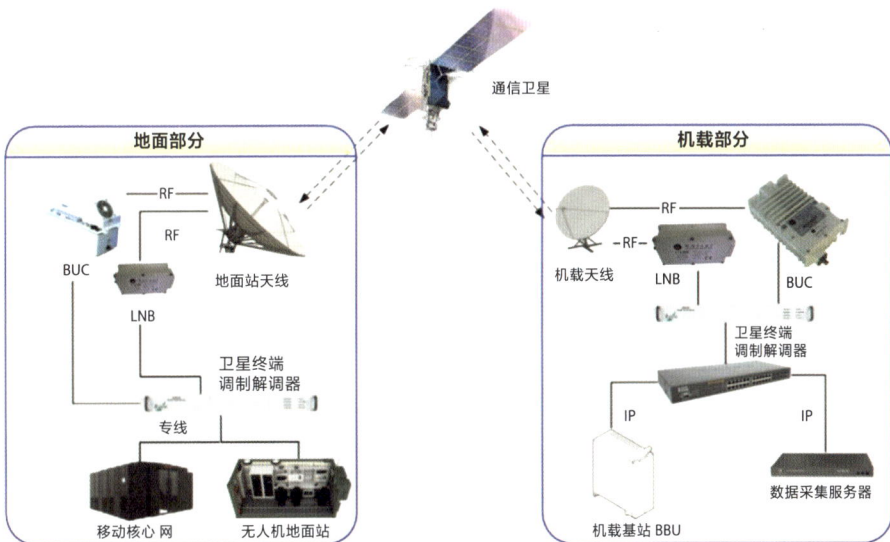

图 4-19　卫星通信数据回传组网

2. 频段和带宽

大型长航时无人机在执行空天应急通信任务时，飞行高度为 2000 ~ 3500 m。在此高度下，地面边缘用户离无人机的距离大概为 7000 ~ 8000 m，如此远距离的覆盖对通信链路，特别是上行链路的挑战非常大。为了使应急通信保障时空天基站覆盖更大的面积，建议使用低频段作为应急通信保障频段。低频段的优势主要体现在传播损耗小、绕射能力强、覆盖范围广等方面，适用于对范围大、线路长的区域进行网络覆盖。

空天一体化应急通信系统中，通信数据传输的瓶颈通常在卫星链路。所以，空中基站的带宽配置建议与机载卫通的最大带宽相匹配。例如，空中基站开通 4G，使用 Band8 频段，频段配置为 FDD LTE 上行 889 ~ 894 MHz、下行 934 ~ 939 MHz，小区带宽配置为 5 MHz。Band8 作为中国移动 4G 基础广覆盖频段，具有覆盖距离远、深度穿透强等优势。

3. 优先接入能力

应急场景中大量用户同时通信会造成应急基站通信拥塞。为保障应急人员能及时汇报现场受灾情况，无人机应急通信系统应支持用户白名单功能，保障应急救援用户能优先接入网络，如图 4-20 所示。

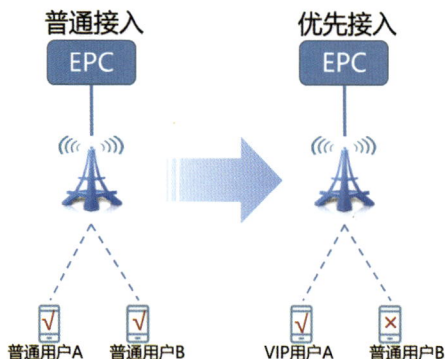

图 4-20　应急通信 VIP 用户优先接入

开启白名单功能后，白名单内的应急救援人员可以优先通过应急基站接入网络，与后方指挥中心进行实时通信，确保获得流畅清晰的语音和视频通话服务。白名单外的用户无法接入应急通信网络。

4.3.3　空天应急通信空地传播模型

无人机空中基站高速移动过程中，传播环境在空间和时间维度动态变化，基站对地信号覆盖的空时连续性难以保障，增加了信号覆盖的难度，如图 4-21 所示。

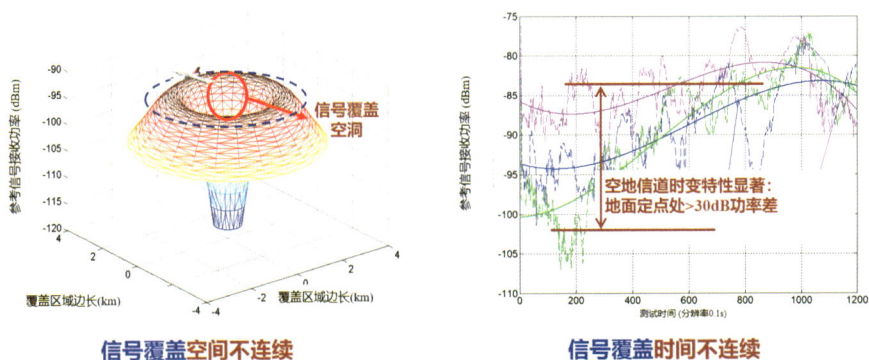

信号覆盖空间不连续　　　　**信号覆盖时间不连续**

图 4-21　空对地信号覆盖空时连续性难以保障

为保证空天基站覆盖面积最大化，中国移动在业界首次提出空对地无线网络连续覆盖算法模型（见图 4-22），可实现海拔 4000 m 空对地的连续无线网络覆盖[①]。

---

① Junyu Liu, Hongwei Zhang, Min Sheng, Yu Su, etc. High Altitude Air-to-Ground Channel Modeling for Fixed-Wing UAV Mounted Aerial Base Stations[J]. IEEE Wireless Communications Letters, 2021，10（2）：330-334.

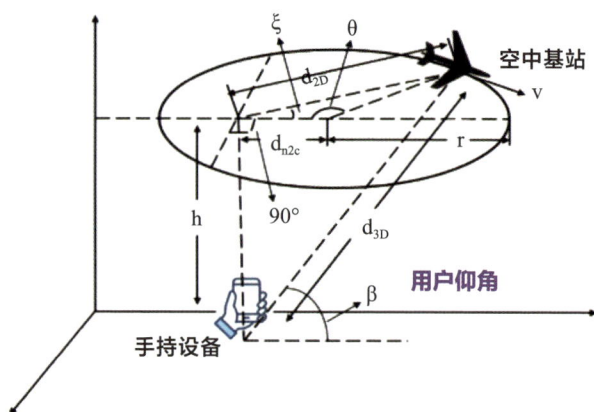

图 4-22　空中基站对地无线网络连续覆盖算法模型

在空地信道的研究中，可根据接收端的仰角将空地信道分为高仰角区和中仰角区。中仰角相对于高仰角有更多的阴影损耗，大气环境造成的衰减会更少。高空信道预测模型建模思路如表 4-4 所示。

表 4-4　高空信道预测模型建模思路

仰角范围	电波传播特性	预测模型建模思路
高仰角区	自由空间传播特性，但是受到天气、大气环境影响，同时可能具有明显的双射线传播效应	对自由空间传播模型和双射线传播模型进行比选并修正，引入天气、大气环境衰落因子
中仰角区	介于自由空间和地面链路之间，受到地形地物的部分遮挡，具有部分杂散损耗和阴影效应，可能具有明显的双射线传播效应	天线高度较低时，可使用地面经验模型；天线高度较高时，使用其他修正模型。对已有的地面信道和两径模型进行修正，引入杂散损耗和阴影衰落因子，得到新的模型

传统静态环境空地路径损耗的建模和拟合方式难以直接应用于高动态、快速移动环境的路径损耗建模。空地路径损耗模型的路径损耗与用户仰角 β 相关：

$$PL^+ = PL - 1.85(\beta - 1.41)$$

其中，PL 为传统模型下的路径损耗，PL^+ 为修正后的路径损耗。利用用户仰角 β 修正路径损耗后得到路径损耗计算公式如下：

$$\begin{aligned} PL ={}& 46.39 + 26.16\log_{10}\left(f_c\right) - 15\log_{10}\left(h_{\mathrm{BS}}\right) - \left[\left(1.1\log_{10}\left(f_c\right) - 0.7\right)h_{\mathrm{UE}}\right. \\ & \left. -1.56\log_{10}\left(f_c\right) + 0.8\right] + \left[44 - 0.8\log_{10}\left(h_{\mathrm{BS}}\right)\right]\log_{10}\left(d_{2\mathrm{D}} + \zeta\right) \\ & +0.84\left[\log(h_{\mathrm{BS}})\right]^2 \end{aligned}$$

其中，f_c 为载波频率，h_{BS} 为基站高度，h_{UE} 为用户高度，$d_{2\mathrm{D}}$ 为收发水平距离。

4.3.4　空天应急通信组网方案设计

1. 覆盖能力估算

空天应急通信与地面通信不同，高空基站处于高速移动过程中，接收终端处于高仰角状态。根据用户最低业务要求，通过链路预算，可推算出无人机空天基站覆盖最远距离。由于无人机距离用户较远，实际受限于终端上行发射功率，所以只需考虑上行覆盖距离。计算方法如下。

- 首先获取小区参数，包括小区边缘用户速率、小区带宽、小区频率、终端发射功率、天线增益等。
- 然后根据小区边缘用户速率和小区带宽配置，可推算上行资源块数、接收电平值及最大路径损耗。
- 最后依据空地覆盖信道模型，输入最大路径损耗及频率信息，可计算出空天基站最大覆盖距离。

2. 飞行方案设计

无人机空天应急通信系统执行任务时，在目标区域上空以一定半径 r 进行绕圆飞行，空中基站会在地面形成一个动态的信号覆盖区域。在一段时间内，地面信号覆盖的公共区域称为连续覆盖区域。通常情况下，随着无人机飞行高度 H 的增加，空中基站对地面的连续覆盖半径 R 增大，但信号覆盖强度降低。为了达到最好的覆盖效果，需要对飞行高度 H、飞行半径 r 进行设计，以满足不同场景下应急通信保障的需求[①]。根据链路预算计算的最远覆盖距离，结合覆盖面积要求，可估算无人机飞行高度 H 和飞行半径 r 的推荐值。空对地天线链路预算模型如图 4-23 所示。

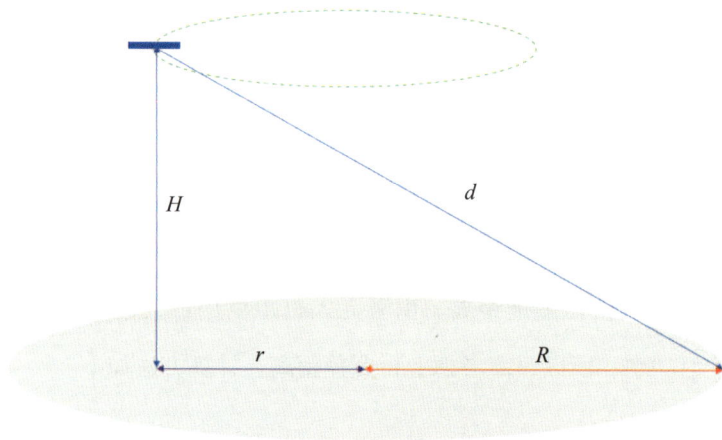

图 4-23　空对地无线链路预算模型

无人机的飞行高度 H、飞行半径 r、覆盖半径 R 与最远覆盖距离 d 之间的关系如下：

$$d^2 \leqslant H^2+(r+R)^2$$

在实际应用中，还需要考虑无人机在不同速度下的滚转角度给天线方向带来的影响。以翼龙 2H 型无人机应急通信系统为例，在 200 km/h 的巡

---

① 参考中国移动（成都）产业研究院于 2022 年 9 月发布的《中国移动空天地一体化应急通信系统白皮书》。

航速度条件下，搭载中国移动 FDD 900 MHz 机载基站，经实际测试得到不同飞行高度下的有效连续覆盖面积如表 4-5 所示。

表 4-5　不同飞行高度下的有效连续覆盖面积

飞行对地高度（m）	有效连续覆盖面积（km²）
2000	20
3000	38
3500	50

3. 通信时延和丢包率

在不同飞行高度的有效连续覆盖范围内，中近点的通信时延一般在 500 ～ 600 ms，丢包率在 1% 以内，可满足通信覆盖要求。不同飞行高度下的平均通信时延和丢包率指标统计如图 4-24 所示。

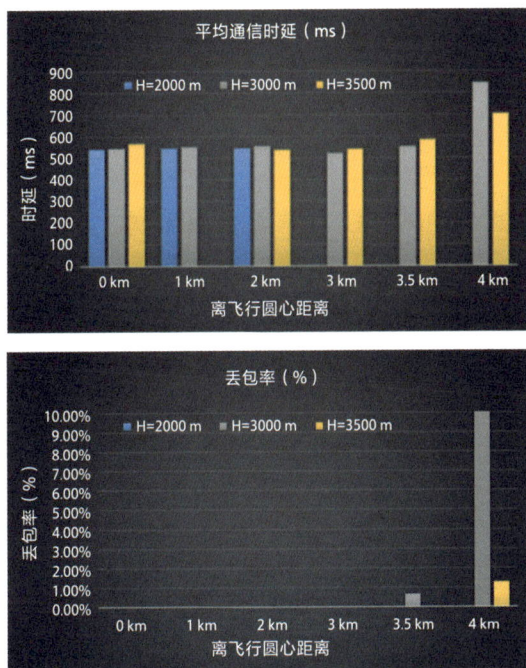

图 4-24　平均通信时延和丢包率

4. 通话和视频能力

在不同飞行高度的有效连续覆盖范围内，VoLTE 语音接通率为 100%。中近点的话音质量清晰无杂音，覆盖远点偶有杂音，但不影响正常通话。

在不同飞行高度的有效连续覆盖范围内，中近点的视频流畅无卡顿、话音清晰，覆盖远点视频偶尔卡顿、话音清晰。

不同飞行高度下的 VoLTE 语音质量指标如表 4-6 所示。

表 4-6　不同飞行高度下的 VoLTE 语音质量指标

高度（m）	离飞行圆心距离							
	0 km	1 km	1.5 km	2 km	2.5 km	3 km	3.5 km	4 km
2000	话音清晰	话音清晰	话音清晰	话音清晰	话音清晰	偶有杂音	—	—
3000	话音清晰	话音清晰	话音清晰	话音清晰	话音清晰	话音清晰	偶有杂音	—
3500	话音清晰	话音清晰	话音清晰	话音清晰	话音清晰	话音清晰	话音清晰	偶有杂音

不同飞行高度下的视频质量指标如表 4-7 所示。

表 4-7　不同飞行高度下的视频质量指标

高度（m）	离飞行圆心距离							
	0 km	1 km	1.5 km	2 km	2.5 km	3 km	3.5 km	4 km
2000	视频流畅	视频流畅	视频流畅	视频流畅	视频流畅	偶尔卡顿	—	—
3000	视频流畅	视频流畅	视频流畅	视频流畅	视频流畅	视频流畅	偶尔卡顿	—
3500	视频流畅	视频流畅	视频流畅	视频流畅	视频流畅	视频流畅	视频流畅	偶尔卡顿

上述设计的大型长航时无人机应急通信系统在 2021 年河南郑州特大洪

涝灾害、2022 年四川泸定 6.8 级地震救灾中勇挑重担，发挥了不可替代的重要作用。大型长航时无人机应急通信系统已成为大型自然灾害救援的神兵利器。该方案是军民融合的典型应用，填补了公用通信网络在"三断"场景下应急保障能力的空白，将 5G 的应用拓展到了空天一体化的全新领域。

4.4　5G-A 通感一体组网

5G-A（5G-Advanced 的简称）是 5G 向 6G 发展的关键阶段，相对于 5G，其具备更高速率、更大连接、更低时延等特点。通过引入"通感一体""通算智一体""空天地一体"等技术，扩展 5G 能力边界，将焕新数字生活，助力产业数智升级。

5G-A 通感一体组网以 5G-A 网络为基础，融合无线接入技术，通过基站、接入点（Access Point，AP）和 5G 无线网元等设备的灵活组合，实现无线信号的通感一体化传输，提供覆盖更广、质量更好、体验更佳的通信服务。系统主要由基站、无线接入设备、5G 无线网元等组成，其中 5G-A 基站具备通感一体化能力。

低空经济作为国家聚力发展的产业新赛道，正逐步成为推动经济高质量发展的新引擎。随着无人机、通用航空等产业的快速发展，低空经济的市场规模正迅猛扩张，部分地区的日常无人机飞行规模在 2 年内已增长 5 倍以上。这个新兴产业的发展对于促进产业结构优化升级、提升国家竞争力具有重要意义，将有力扩大消费需求、促进形成新的强大市场，推动经济内循环释放巨大的发展空间，成为经济增长的超级引擎。

当前，低空经济的发展仍处于较早期阶段，要推动其健康发展，需要解决一系列核心问题。其中，加强低空航空设备的通信覆盖能力和感知管理能力是重要环节。不同系统之间的互联互通及对飞行器关键信息的实时感知是保障低空安全和高效飞行的基础。为了满足多种复杂场景的需求，推动通信与感知技术的不断成熟亟须得到重视，以便为低空经济的发展提供有力支撑。

通感一体是 5G-A 和 6G 的标志性技术之一。为了实现技术上完全独立的两个体制相互融合，中国移动基于一网多能、两个融合、多维兼顾三大设计原则，围绕新架构、新空口、新硬件、新组网等方向提出数据层、网络层和应用层三层协同的通感一体技术体系，攻关"混合波形 OPIC 新空口""双层移相超级张角新硬件""主＋从两级 BBU 新架构""多源异构数据融合目标检测新平台"等多项关键创新技术和能力，形成全新通感一体化网络指标体系。该技术体系面向大规模应用和多场景需求，首次将技术原理差异巨大的通信和感知融为一体，实现了通感同硬件、共频率、共空口资源等网络能力，为构建满足低空经济等高质量发展需求的通感一体网络能力立稳根基。该技术体系全面应用于中国移动 5G-A 通感一体预商用网络，并指引 6G 通感一体技术研究。

1. 通信能力

在低空通信网络领域，中国移动具备网络规模和频谱资源优势。中国移动拥有全球最大规模的地面 5G 移动通信网络，以及 2.6 GHz、4.9 GHz 及 700 MHz 黄金频段等多个频谱资源。截至 2024 年 5 月，5G 基站数已达 217 万站。根据覆盖高度不同，低空立体覆盖方案包括利旧地面网、新建低空网、复用卫星网等。采用利旧地面网时，具备网络规模优势；采用新建低空网时，具备空地 4.9 GHz 异频覆盖、地空干扰少、网络质量优的优势。

中国移动已在低空领域开展网络应用试点及测试验证。上海市政府将 5G 网联通信技术应用于重大活动保障的视频监控中，通过 5G 回传基于 4K 的高精视频到地面监视系统，对重大活动情况进行远程监控。目前，头部无人机企业（如高巨、远度等）正与中国移动合作开展基于 5G 网联通信技术的测试验证。

2. 感知能力

5G-A 通感技术已初步产品化，基于 4.9 GHz 频段的方案在千米范围内可探测时速 5 ~ 100 km/h 的目标，精度达到 10 ~ 25 m，虚警率和漏检率均小于 5%。虽然该方案的精度相比毫米波略差，但在覆盖范围和成本上具备显著优势，其性能与主流低空雷达相当。此外，4.9 GHz 方案支持组网覆盖和多元数据融合，依托中移凌云平台，还可实现雷视一体化跟踪和取证，技术优势明显。

5G-A 通感应用实践已取得初步成效，并将启动规模化商用试点。4.9 GHz 是唯一可用于通感的 5G 商用频率，具备先发优势。截至 2024 年 10 月，中国移动已在 21 个省、48 个地市开通 136 个低空通感测试点，成功部署了延庆低空试验区、深圳美团物流航线、南京民航局无人机试验区、云南保山机场及舟山顺丰跨海配送等标杆项目，并将在全国启动通感规模试点。

4.5　5G 低空网络的发展趋势

5G 技术具有大带宽、低时延、广连接、抗干扰、立体覆盖等特点，可有效解决传统方式下无人机点对点链路受距离限制、地形限制等痛点，赋予无人机所需的稳定传输、远程控制、实时监控等核心能力。中国移动提供了"5G 公网 + 5G 专网"的灵活组网方案和覆盖技术，可依托地面蜂窝网络及传输网络等基础设施，通过地面网络优化或对空专网建设，或者混合式网络，结合卫星通信，为低空、中低空的无人机应用目标提供优质的数据传输服务。

对于 5G 网联无人机的应用场景，短期内大带宽数据上行是应用主流，这与通常的手机用户以下行流量为主是存在显著差异的。5G 网联无人机的主要应用场景是配合各类高清摄像头和传感器进行信息采集与数据回传，广泛用于数据采集相关的领域。低空网络如何同时保障业务速率及覆盖要求，将是未来低空组网研究的重要方向。城市核心区域低空片状覆盖和非核心区域带状覆盖是典型应用场景，这主要是由城区内低空区域无人机航向呈网状分布，而非核心区域无人机航向呈线状分布导致。这两种不同的覆盖方式主要是出于最大收益成本比考虑。所以，短期内以指定区域和航线的网络优化为主，满足当下的网联无人机网络需求。中期将增加对网络低时延抖动的要求，并增加对数据安全的要求。无人机结合北斗、基站高精度定位等技术，提供远程控制无人机服务。该技术对数据时延抖动指标要求高，对位置精确度要求高，对控制数据和状态数据的安全性要求高。在某些高要求场景下，需要结合 5G 网络专网及网络切片等技术。满足时延和安全的要求是实现无人机自动化运行的数据链路基础要求。此外，还要考虑采用非零陷落天线、专公网结合等手段解决低空的干扰问题，以满足无人机自动化运行的需求。

未来，低空立体无人机交通网络的实现，将在大带宽、低时延的基础上，增加大连接、自主通信等一系列技术要求。大量飞行器将在低空分层工作，需要实时交换大量飞行状态数据。因此，提高数据交换效率是保障数据实时性的关键要求。通常，尽量确保数据通过最短路径传输能够提高实时性。因此，必须将边缘计算和 AI 处理相结合，并融合自组网等技术，同时还需要更新飞控技术。这一系列技术更新将推动整个无人机技术的革新。而全球统一的无线蜂窝网络通信技术标准将更有利于形成全球通用的技术规范，成为未来发展的重要方向。

随着民用无人机技术的迅猛发展和成熟，行业应用对无人机数据链提出了越来越高的要求。中国移动提出了 5G 低空网络解决方案，利用 5G 网络为无人机提供数据链路，构建地空一体化通信网络，极大地提升了无人机服务能力，并丰富了服务场景。

第 5 章

5G 网联无人机
系统机载专用
智能终端

5G 网联无人机系统机载专用智能终端（简称"终端"）是云、网、端协同的 5G 网联无人机系统关键技术体系的三大核心组成之一，可利用 5G 蜂窝网络远程采集和传输无人机的飞行控制数据、载荷数据，在云、网、端机制协同下实现无人机的超视距控制，并具备视频智能编解码、端侧 AI 计算、高精度定位等功能。

5.1　5G 网联无人机系统机载专用智能终端简介

无人机数据链是无人机与地面系统联系的纽带，是无人机系统的重要组成部分。无人机数据链按照传输方向可以分为上行链路和下行链路。上行链路主要完成地面系统到无人机的飞行控制指令、载荷控制指令等上行数据的传输，下行链路主要完成无人机到地面系统的载荷数据、无人机飞行数据等下行数据的传输。数据链的性能直接影响无人机的性能。

传统无人机的数据链多采用基于工业、科学和医疗频带（Industria Scientific and Medical Band，ISM）频段的私有链路。2023 年 12 月工业和信息化部印发的《民用无人驾驶航空器无线电管理暂行办法》中指出，通过直连通信方式实现遥控、遥测、信息传输功能的民用无人驾驶航空器通信系统无线电台，应当使用下列全部或部分频率：1430 ～ 1444 MHz、2400 ～ 2476 MHz、5725 ～ 5829 MHz。目前的国内行业无人机、消费类无人机数据传输和图像传输主要还是采用 2.4 GHz 和 5.8 GHz 等 ISM 频段，部分行业无人机也会采用自建的私有数据链路。ISM 频段的通信干扰严重，也容易受到监听和攻击，实际使用会限制无人机的通信距离，私有链路同样存在通信距离受限的问题。因此，目前的超视距无人机需要搭建地面站或中继站来保证数据的传输，布设成本高，预设路线固定、不能灵活调整，飞行航线和作业任务受限。

5G 通信具有大带宽、低时延、高可靠的特点，弥补了传统无人机通信链路抗干扰能力弱、连续覆盖弱的缺陷，非常适合为无人机搭建稳定可靠的通信链路，赋能中小型无人机进行低成本的超视距飞行、控制与作业，从而拓展传统无人机的作业场景，提升无人机的应用价值。

5G 网联无人机系统在此背景下应运而生，它利用 5G 蜂窝网络替代传统无人机的自建 C2 链路：无人机搭载 5G 网联无人机系统机载专用智能终端，通过 5G 蜂窝网络接入云平台，实现云平台对无人机的远程管控和场景作业，如图 5-1 所示。

图 5-1　5G 网联无人机系统机载专用智能终端应用系统架构

5G 网联无人机系统机载专用智能终端通过机械接口与无人机集成，通过电气接口和数据接口与无人机进行电气和数据交互。

- 无人机通过其搭载的 5G 网联无人机系统机载专用智能终端，可将采集的无人机飞控数据、载荷（图传）数据，经过视频解码、编码、AI 处理，再通过 5G 基站与 5G 核心网传输到云平台，实现无人机飞控数据和载荷数据的采集、显示、分析。
- 云平台可通过 5G 网联无人机系统机载专用智能终端下发无人机的航线规划、自动返航及载荷作业动作等控制指令，控制无人机进行超视距飞行及载荷作业，从根本上解决传统无人机通信链路不能支持无人机超视距飞行的问题。

5.2　5G 网联无人机系统机载专用智能终端设计原理

5.2.1　5G 网联无人机系统机载专用智能终端设计

5G 网联无人机系统机载专用智能终端由主控数据处理单元、AI 计算单元、高精度定位单元、安全控制单元、配置管理单元、载荷数据传输处理单元（图传）、飞控数据传输处理单元（数传）、5G 通信单元、电源管理单元等部分组成，如图 5-2 所示。

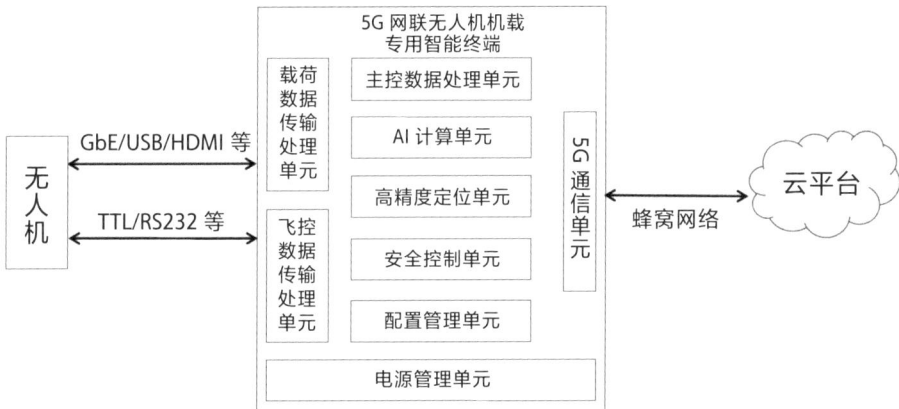

图 5-2　5G 网联无人机系统机载专用智能终端逻辑架构图

各业务单元的基本功能如下。

（1）主控数据处理单元

该单元通常由中央处理器（Central Processing Unit，CPU）、DDR（Double Data Rate，此处泛指内存）、固件存储闪存（Flash）、嵌入式多媒体卡（Embedded Multi Media Card，eMMC）等组成，是整个终端的控制大脑，负责所有数据的集中分析、处理及转发决策，包括飞控数据、载荷数据、管理配置数据的上行传输、下行传输、协议转换、分析处理，还包括系统各子任务的优先级调度等功能。

（2）5G 通信单元

5G 通信单元是 5G 网联无人机系统的通信核心，包括 5G 通信模组及其高速数据传输接口、SIM 卡接口、5G 天线接口及配套天线，负责终端与

5G 基站拨号、注册、联网及数据通信，实现无人机载荷数据、飞控数据与云平台之间的高可靠、大带宽、低时延传输。

（3）载荷数据传输处理单元

载荷数据传输处理单元包括千兆以太网（Gigabit Ethernet，GbE）接口、USB 3.0、高清多媒体接口（High Definition Multimedia Interface，HDMI）等高速数据接口，以及视频编码、解码、处理模块，用来连接无人机的云台相机等无人机载荷，将视频数据进行透传或解码、编码后传给主控数据处理单元。常见的视频分辨率有 720P、1080P、2K、4K，常用的视频编解码标准有 H.264 和 H.265。

（4）飞控数据传输处理单元

飞控数据传输处理单元提供诸如 TTL、RS232、RS485 等无人机通用飞控串行通信接口，获取无人机的飞行态势数据并下发飞行控制指令，完成飞控数据通信及协议解析、格式转换，实现 5G 网联无人机系统超视距飞行控制协议，为各类无人机提供开放接口。

（5）配置管理单元

配置管理单元通常由近距离无线通信模块、串口、以太网口及相关配置管理固件组成，本地电脑可连接 5G 网联无人机系统机载专用智能终端进行配置管理或调试。当采用近距离无线通信模块进行配置管理时，为了减少近距离无线通信模块对无人机遥控通信或 5G 通信的干扰，近距离无线通信模块在 5G 网联无人机系统正常作业时可关闭。

（6）AI 计算单元

AI 计算单元通常由具有一定算力的资源组成，如图形处理单元（Graphics Processing Unit，GPU），依托端侧、边缘计算，应用模型量化、剪枝、蒸馏等模型轻量化技术，将部分实时性要求较强的人工智能应用从云端下沉到终端，增强无人机在特定应用场景下的智能化水平，在保障算法精度的前提下提高数据处理及作业任务的时效性。例如，在电网智能巡检中，可在机载专用智能终端上完成线路常见故障的检测、定位及标注，再将处理完的图像、视频结果回传云平台，提高作业效率。

（7）高精度定位单元

无人机的高精度定位单元（如网络 RTK 定位模块）可通过 TTL、RS232 等串行接口与 5G 网联无人机系统机载专用智能终端相连，进而通过终端的 5G 通信单元连接到中国移动 5G＋北斗高精度定位平台，为无人机提供厘米级高精度定位服务。

（8）安全控制单元

安全控制单元包括安全芯片及相关安全控制管理机制，可以对 5G 网联无人机系统机载专用智能终端及无人机的身份进行识别、认证，实现 5G 通信注册、鉴权，完成数据加解密及安全控制，保证终端及无人机的安全。

（9）电源管理单元

电源管理单元主要由电源适配转换、电源保护、功耗管理等子模块组成，使 5G 网联无人机系统机载专用智能终端可适配使用无人机的供电电源，并保护终端在电源过压、电源反接等异常情况下不被损坏，并可根据终端运行情况对终端进行低功耗管理，延长无人机及终端的运行时间。

基于以上 5G 网联无人机系统机载专用智能终端架构及逻辑功能单元划分，一个典型的 5G 网联无人机系统机载专用智能终端硬件设计如图 5-3 所示。

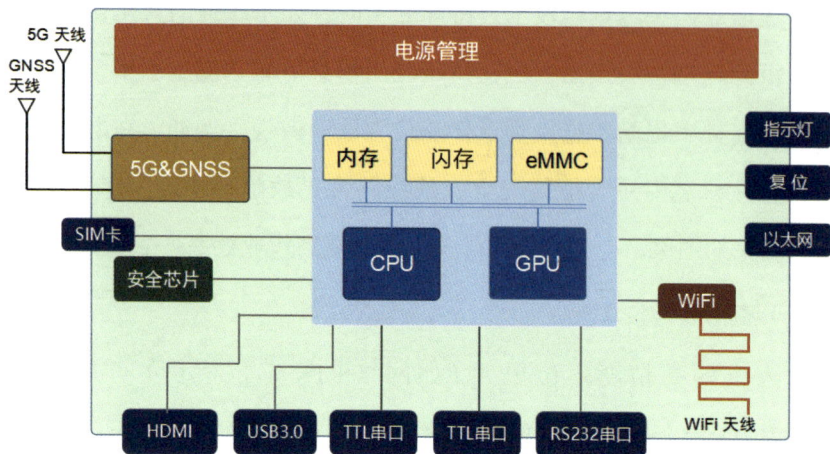

图 5-3 5G 网联无人机系统机载专用智能终端硬件设计

（1）电源管理模块对应图 5-2 中的电源管理单元，负责整个终端的电源管理。

（2）CPU 是本终端的任务运算和控制核心，是信息处理、程序运行的关键执行单元。GPU 能实现图像和图形的相关处理及运算。在神经网络、并行计算、推理训练方面，GPU 比传统 CPU 具有明显的优势。在终端上，GPU 不仅可实现载荷视频数据的编解码等复杂处理，还可实现端侧 AI 计算。因此，图 5-2 中"主控数据处理单元"和"飞控数据传输处理单元"的数据处理工作可由 CPU 完成，图 5-2 中"AI 计算单元"和"载荷数据传输处理单元"涉及视频图像数据处理、端侧 AI 计算的部分可以由 GPU 完成。

内存在这里泛指配合处理器工作使用的高速内存，是一种易失性存储器（当电源关闭时，存储器中的数据不能保留），可以是 DDR2、DDR3、DDR4 及 LPDDR 等类型中的一种。它用于暂时存放终端上电工作时运算处理所需的程序和数据，处理完成后需要将结果写入闪存等非易失性存储器中，否则终端断电后相关数据会丢失。

闪存是一种非易失性存储器（断电后数据可保持），用于存储终端的关键程序（如启动程序、应用程序）及关键用户数据，主要包括或非型闪存和与非型闪存两种：当需要小容量的闪存时，或非型闪存的性价比占优；当需求大容量的闪存时，与非型闪存的性价比占优。因此，用户可根据实际情况选择。

以前，无人机的载荷作业数据主要用可插拔的 TF 卡进行存储、导出。但在无人机的振动工作环境中，TF 卡有容易松脱、不可靠的缺点。嵌入式多媒体卡（eMMC）也是一种大容量非易失性存储器，可直接焊接在终端的电路板上，用来存储无人机载荷作业的大量数据，读写速度更快、更可靠，相关的作业数据还可通过 5G 通信链路或 USB 3.0 等高速数据接口导出，更方便。

因此，内存、闪存、eMMC 都是终端实现相关程序运行和数据存储不可或缺的存储器件。

（3）HDMI、USB 3.0、以太网均为高速数据接口，可实现载荷数据的接入传输，与图 5-2 中"载荷数据传输处理单元"的传输部分相对应。

（4）串行通信是指通信的数据在相同的一根数据线上按照顺序逐位进行传输的通信方式，如常见的 UART（Universal Asynchronous Receiver/Transmitter，通用异步接收发送设备）、TTL（Transistor-Transistor Logic，晶体管晶体管逻辑）、RS232、RS485 等遵循串行通信协议时序、电平标准的接口都是串口。其中，RS232 是美国电子工业协会（Electronic Industries Association，EIA）制定的异步传输接口标准，同时对应着电平标准和通信协议。在无人机应用中，目前主要使用的串口有 TTL 和 RS232 两种，根据对接无人机的飞控数据串口的电平标准，可选用终端的 TTL 或 RS232 串口与无人机的飞控数据串口进行对接，剩余的串口可用于无人机其他传感器数据的连接与传输，与图 5-2 中"飞控数据传输处理单元"的传输部分对应。

（5）安全芯片（Secure Element，SE）具有加密 / 解密逻辑电路，可防止外部恶意攻击、保护终端数据安全，并可在终端通信过程中完成身份识别认证、数字签名等功能，对应图 5-2 的"安全控制单元"。

（6）5G&GNSS（Global Navigation Satellite System，全球导航卫星系统）模组实现终端的 5G 通信及卫星导航信号的接收。同时，5G 模组还可以作为网络 RTK（Network Real-Time Kinematic Positioning，网络实时动态定位）差分定位数据的传输通道，辅助实现无人机的高精度定位功能。

（7）本地电脑应能连接 5G 网联无人机系统机载专用智能终端进行配置管理或调试，Wi-Fi 模组可作为终端的近距离配置管理通道实现终端的配置管理功能。Wi-Fi 模组推荐采用内置 PCB 天线。同时，为了减少 Wi-Fi 模组对无人机图传、数传数据链路（2.4 GHz/5.8 GHz）的干扰，无人机正常工作时应关闭 Wi-Fi 模组的电源。此外，本地电脑也可通过串口、以太网接口对终端进行配置。但是，当终端安装到无人机后，用 Wi-Fi 这种近距离无线方式可以省去烦琐的接线步骤，更方便运维。

以上对一个典型的 5G 网联无人机系统机载专用智能终端的逻辑单元划分及硬件设计进行了深入分析。具体到终端的实现时，还可综合客户特定需求、整机成本、供应链周期、可靠性要求等因素进行局部优化，提升产品的竞争力。

5.2.2　5G 网联无人机系统机载专用智能终端性能指标

1. 尺寸和重量

5G 网联无人机系统机载专用智能终端需集成到无人机，结合现有行业技术水平及国家标准《民用无人驾驶航空器系统分类及分级》（GB/T 35018—2018）第 5 章中按空机重量或最大起飞重量的无人机分级方法（见表 5-1）对无人机尺寸和重量的限制，要求终端在满足功能和性能需求的情况下尺寸和重量尽量小。无人机在搭载终端后应不影响分级。

表 5-1 无人机分级

无人机级别	空机重量（kg）	最大起飞重量（kg）
Ⅰ级	0＜重量≤0.25	0＜重量≤0.25
Ⅱ级	0.25＜重量≤4	0.25＜重量≤7
Ⅲ级	4＜重量≤15	7＜重量≤25
Ⅳ级	15＜重量≤116	25＜重量≤150
Ⅴ级	116＜重量	150＜重量

2. 物理接口

● 电源：支持无人机为终端供电，终端能支持无人机供电的电压范围并具有过压、过流等必要保护，终端功耗应小于无人机能提供的最大功耗并留有余量。

● 数据接口：终端应支持以太网、USB、HDMI、UART 等对接无人机载荷、飞控的数据接口，接口数量、电气性能、数据协议应满足场景使用需要。

● SIM 卡接口：终端应支持 eSIM 或 SIM 卡座，eSIM 应符合对应运营商的相关技术规范。

● 天线：终端应支持内置天线或外置天线；外置天线接口满足无人机适用场景的要求，可选 SMA、MMCX 等接口；建议支持 4 天线及以上配置。

- 建议终端支持 Wi-Fi、UART、USB 等接口用于终端调试或设备管理。
- 终端要具备必要的工作状态指示，所有接口设计应人性化，方便实施和使用。

3. 网络接入能力

终端应具备在 SA/NSA 组网模式下的接入及业务能力，如表 5-2 所示。

表 5-2　网络接入能力要求

组网模式	描述	要求
SA	Option 2	必选
NSA	Option 3x	推荐

在 SA 模式下应支持 Option 2。在该模式下，终端通过 NR 空口接入与 5G 核心网（5GC）连接的 5G 基站（gNB）。Option 2 组网架构如图 5-4 所示。

在 NSA 模式下可支持 Option 3x。在该模式下，终端通过 LTE 空口和 NR 空口双连接方式接入与 4G 核心网（EPC）连接的 4G 基站（eNB）和 5G 基站（gNB），其中 4G 基站为主站（MN），5G 基站为辅站，如图 5-5 所示。

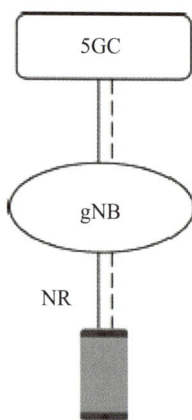

图 5-4　Option 2 组网架构

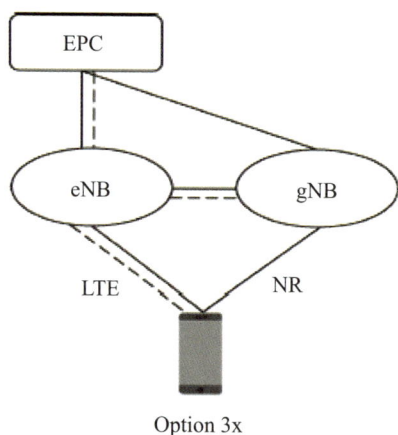

图 5-5　Option 3x 组网架构

4. 多模多频支持

终端可支持 5G NR、TD-LTE、LTE FDD 模式，终端使用频段应符合国家无线电管理部门的相关规定。对工作在 SA/NSA 模式的 5G 终端，开机选网的优先级从高至低建议为 5G（SA）、5G（NSA）、4G。

NR 支持的工作频段建议如表 5-3 所示。

表 5-3　NR 支持的工作频段

工作频段	上行工作频段	下行工作频段	双工方式	要求
n41	2496 ~ 2690 MHz	2496 ~ 2690 MHz	TDD	推荐
n79	4400 ~ 5000 MHz	4400 ~ 5000 MHz	TDD	推荐
n28	703 ~ 748 MHz	758 ~ 803 MHz	FDD	推荐
n1	1920 ~ 1980 MHz	2110 ~ 2170 MHz	FDD	可选
n3	1710 ~ 1785 MHz	1805 ~ 1880 MHz	FDD	可选
n8	880 ~ 915 MHz	925 ~ 960 MHz	FDD	可选
n77	3300 ~ 4200 MHz	3300 ~ 4200 MHz	FDD	可选
n78	3300 ~ 3800 MHz	3300 ~ 3800 MHz	TDD	推荐
n80	1710 ~ 1785 MHz	/	SUL	可选
n81	880 ~ 915 MHz	/	SUL	可选
n258	24250 ~ 27500 MHz	24250 ~ 27500 MHz	TDD	可选
n260	37000 ~ 40000 MHz	37000 ~ 40000 MHz	TDD	可选
…	…	…	…	…

LTE 支持的工作频段建议如表 5-4 所示。

表 5-4　LTE 支持的工作频段

网络模式	工作频段	上行工作频段	下行工作频段	要求
TD-LTE	Band 34	2010 ~ 2025 MHz	2010 ~ 2025 MHz	推荐
	Band 39	1880 ~ 1920 MHz	1880 ~ 1920 MHz	推荐
	Band 40	2300 ~ 2400 MHz	2300 ~ 2400 MHz	推荐
	Band 41	2496 ~ 2690 MHz	2496 ~ 2690 MHz	推荐

（续表）

网络模式	工作频段	上行工作频段	下行工作频段	要求
LTE FDD	Band 1	1920 ~ 1980 MHz	2110 ~ 2170 MHz	推荐
	Band 3	1710 ~ 1785 MHz	1805 ~ 1880 MHz	推荐
	Band 5	824 ~ 849 MHz	869 ~ 894 MHz	推荐
	Band 8	880 ~ 915 MHz	925 ~ 960 MHz	推荐
	Band 4	1710 ~ 1755 MHz	2110 ~ 2155 MHz	可选
	Band 7	2500 ~ 2570 MHz	2620 ~ 2690 MHz	可选
	Band 12	699 ~ 716 MHz	729 ~ 746 MHz	可选
	Band 17	704 ~ 716 MHz	734 ~ 746 MHz	可选
	Band 20	832 ~ 862 MHz	791 ~ 821 MHz	可选
…	…	…	…	…

对于支持 SA 模式的无人机终端，推荐支持 n1+n78、n3+n78、n8+n78 等 NR+NR 载波聚合组合。

5. 终端通信协议版本

5G NR 模式应支持 3GPP R15 及以后协议版本，LTE 模式应支持 3GPP R9 及以后协议版本，与 NR 相关的技术特性（如双连接、IRAT 互操作）应支持 3GPP R15 及以后协议版本。

6. 终端射频

5G 网联无人机系统机载专用智能终端协议栈和射频部分的实现需符合 3GPP TS 38 系列规范要求。5G 网联无人机机载专用智能终端功率等级要求如表 5-5 所示。

表 5-5　5G 网联无人机系统机载专用智能终端功率等级要求

功率等级	最大输出功率	容差	要求
Class 2	+26 dBm	+2 dB/-3 dB	推荐
Class 3	+23 dBm	+2 dB/-3 dB	必选

7. 终端通信速率

终端的空口速率与自身能支持的帧结构密切相关，不同的帧结构对应的空口速率不一样（YD/T 3627—2019《5G 数字蜂窝移动通信网增强移动宽带终端设备技术要求（第一阶段）》），综合无人机的应用场景，推荐终端上行速率≥200 Mbps、下行速率≥1000 Mbps。

8. 通信可靠性

对于无人机的飞控等关键数据，应有冗余措施，建议丢包率≤3‰。

9. 终端视频能力

对于视频图像类无人机载荷，终端可支持 H.264、H.265 视频编解码，支持 RTMP、RTSP 视频推流，建议支持 720P、1080P、2K、4K 等主流视频分辨率。

10. 终端安全性

终端建议支持 SE 安全芯片、IPSec 等安全措施（体系），保障通信数据安全。

11. 终端 IP 协议栈

无人机终端建议支持 IPv4 单栈、IPv6 单栈及 IPv4/v6 双栈，默认打开 IPv4/v6 双栈。在同时获得 IPv4 和 IPv6 地址时，优先通过 IPv6 地址进行访问，并且兼容 IPv4 和 IPv6 的业务应用。

12. 终端定位功能

终端应能获取无人机的定位信息，建议终端支持北斗、GPS 定位，推荐支持惯性传感辅助定位、基站定位等融合定位方式；对于定位精度要求高的场景，若无人机本身不支持高精度定位，建议终端支持 RTK 等高精度定位方式。

13. 终端工作高度

搭载终端的无人机应能满足对地 120 m 的工作高度（相对高度）要求，推荐支持对地 300 m 的工作高度（相对高度）要求。

14. 终端日志功能

终端应支持日志记录功能，包括终端的登录、管理配置、关键事件等，支持终端本地存储，建议支持日志上传到管理平台。

15. 终端管理及升级

终端应支持设备管理功能，建议支持 OTA（含 FOTA、DFOTA）固件升级功能。

终端还支持本地和远程安全外壳（Secure Shell，SSH）协议接入管理。对于本地管理，建议采用 Wi-Fi、蓝牙等无线接入方式。Ⅰ级、Ⅱ级、Ⅲ级无人机 Wi-Fi 功耗大，对其飞行时间有一定影响，所以建议模块上电后开启一段时间（如 1 分钟）。若此段时间内无 Wi-Fi 客户端接入，则超时后自动将 Wi-Fi 模块下电。

终端应具有的管理功能如表 5-6 所示。

表 5-6　终端应具有的管理功能

功能	描述
终端和管理平台的心跳信息	每秒发送，报告无人机的在线信息
终端状态反馈	可实时上报通信终端自身状态信息到管理平台和无人机，状态包括运营商信息、蜂窝网络信号类型和质量、模块告警信息等

（续表）

功能	描述
远程升级和本地升级	支持通信终端的远程升级和本地升级，如果发生升级失败，要求模块能够回退到原有版本并正常工作
APN 配置	配置模块接入点的能力
查询功能	查询终端基本信息、终端告警信息等

5.2.3　5G 网联无人机系统机载专用智能终端与云系统通信协议

5G 网联无人机系统机载专用智能终端通过串口或以太网口与无人机飞控进行数据通信连接，使无人机网联化，实现无人机与无人机云系统的远程数据交互。具体的数据传输过程如图 5-6 所示。

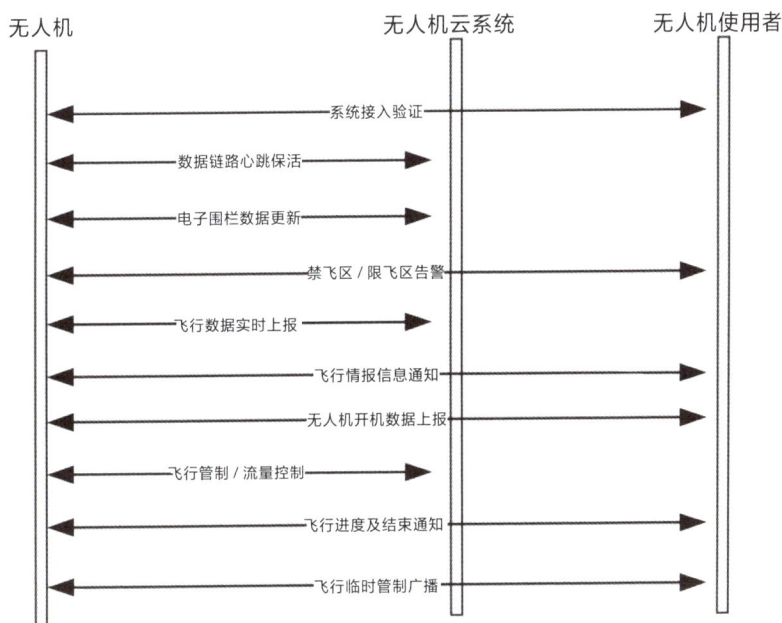

图 5-6　无人机云系统数据传输过程

为了实现无人机的超视距控制飞行，搭载 5G 网联无人机系统机载专用智能终端的无人机和无人机云系统应用层协议应包含如下功能：系统接入验证、数据链路心跳保活、电子围栏数据更新、禁飞区 / 限飞区告警、飞行数据实时上报、飞行情报信息通知、无人机开机数据（如注册信息）上报、飞行管制 / 流量控制、飞行进度及结束通知、飞行临时管制广播。

搭载 5G 网联无人机系统机载专用智能终端的无人机与云系统之间的通信可采用消息队列遥测传输（Message Queuing Telemetry Transport，MQTT）协议，详细数据使用 JSON 格式，请求及响应参数置于 payload 数据体中，具体协议内容见表 5-7、表 5-8；每条消息都需要携带消息头，其示例如下。

```
"head": {
"msg_id": 29081, // 消息号
"msg_no": 123, // 消息序号
"res": 1        // 消息来源——通信终端
"des": 2,        // 消息目标——无人机云系统
"timestamp": 1492488028395 // 时间戳
}, // 消息头
```

表 5-7　无人机与无人机云系统 MQTT 消息头示例

序号	字段定义	字段名称	数据类型
1	msg_id	消息编号，消息接收方根据该编号区分消息类型	int32
2	msg_no	消息序号，发送方序号依次递增，接收方响应序号与请求序号相同	int32
3	res	消息来源。1：通信终端；2：无人机云系统	int8
4	des	消息目标。1：通信终端；2：无人机云系统	int8
5	timestamp	时间戳，单位毫秒，64 位整型	int64

表 5-8　无人机与无人机云系统 MQTT 消息编号示例

序号	消息编号	响应消息编号	对应指令
1	50001	60001	系统接入验证
2	50002	60002	数据链路心跳保活
3	50003	60003	电子围栏数据更新
4	50004	60004	禁飞区 / 限飞区告警
5	50005	60005	飞行情报信息通知
6	50006	60006	飞行数据实时上报
7	50007	60007	无人机开机数据上报
8	50008	60008	飞行管制 / 流量控制
9	50009	60009	飞行进度及结束通知
10	50010	60010	飞行临时管制广播

5.3　端侧 AI 辅助

无人机由人使用，为人服务，其作业内容和工作权限、飞行轨迹和飞行方式由人设置及控制。但是，由于人自身的精力及精确控制能力有限，尤其在无人机超视距飞行的情况下，人对无人机前端飞行所处环境的感知受限，实时控制能力变弱，因此迫切需要无人机具备自主飞行、自主作业能力，进而需要无人机具备端侧智能化能力。

端侧 AI 辅助功能也是 5G 网联无人机系统机载专用智能终端的核心价值之一，将 AI 技术运用于 5G 机载智能终端可以有效弥补无人机本身智能化能力不足的问题。在云、边、端智能协同下，未来可最终实现无人机在 5G 网络下的全自主智能飞行及作业。

5G 网联无人机系统机载专用智能终端的端侧 AI 辅助功能主要包括环

境感知、高精定位、航路规划、决策执行和自主作业。

（1）环境感知

5G 网联无人机系统机载专用智能终端采集无人机搭载的超声波、摄像头、激光、红外、气压等传感器数据，感知周边环境，通过同时定位与地图构建（Simultaneous Localization and Mapping，SLAM）等三维重建技术实时还原障碍物的深度信息，结合航路规划、决策执行等模块，实现无人机的自动环境分析、自主避障、异常离线时安全应急处理。

（2）高精定位

5G 网联无人机系统机载专用智能终端连接中国移动 5G＋高精度定位平台，为无人机提供厘米级高精定位服务，同时利用姿态传感器、视觉传感器等以及与之配套的定位算法，不但可以计算当前时刻的高精度位置信息，还能还原飞机当前的姿态信息。

（3）航路规划

5G 网联无人机系统机载专用智能终端结合管理运营云平台，实现动态航路规划。当云平台确定航点后，再通过感知数据及自身定位姿态信息，建立无人机实时环境与航路的智能交互分析机制，从而完成无人机的动态航路规划。

（4）决策执行

5G 网联无人机系统机载专用智能终端具备智能决策能力。在无人机遇到突发状况或网络状况波动时，终端通过定位姿态及视觉传感器等信息智能分析、与无人机进行协议交互并生成决策建议，可实现无人机安全应急处理。

（5）自主作业

5G 网联无人机系统机载专用智能终端通过以上 4 项能力的融合，可实现无人机的自主飞行。在此基础上，将特定作业场景的 AI 算法移植到 5G 网联无人机系统机载专用智能终端，并结合"云、边、端"一体 AI 增强计算能力，自主识别无人机载荷及作业类型、作业环境，实现无人机的自主作业；还可借助 5G 网联无人机系统机载专用智能终端的网、云、端协同机制，智能更新 5G 网联无人机系统机载专用智能终端的端侧 AI 算法，进一步提高无人机端侧 AI 能力及自主作业能力。

5.4　核心技术

经过专业训练的飞手使用遥控器控制无人机进行作业的传统模式在当今越来越受限，未来无人机不再是一个单纯的飞行器，而是更像一个"有感官、有思想"的机器人。这意味着它需要承担更多的端侧计算任务，比如，以较高的频率解析图像或激光数据、姿态计算及一些实时性算法等。无人机的原生飞控系统对实时性有极高的要求，所以往往不适合做上述工作。通常的做法是在端侧集成一个协处理器解析传感器数据及各种上层算法，从而与无人机飞控系统形成上、下位机的组合系统。5G 网联无人机系统机载专用智能终端刚好可以胜任上述工作。

本节将介绍一些典型的运用于 5G 网联无人机系统机载专用智能终端的上位机核心技术应用。

5.4.1　多传感器融合

多传感器融合是一个新兴的研究方向，主要致力于在单一系统中综合运用多种传感器进行数据的处理与解析。这项技术具有较强的实用性，源于多个学科的交叉融合，涵盖了信号处理、概率与统计、信息论、模式识别、人工智能及模糊数据等方面的理论基础。

近年来，多传感器融合技术在军用和民用领域中被广泛采用，逐渐发展为军事、工业及高新技术开发等多个行业中的核心技术之一。例如，在C3I（通信、指挥、控制与情报）系统、复杂工业流程控制、机器人、自动目标识别、交通调度、惯性导航、农业生产、遥感监测、医学诊断及图像处理等诸多应用场景中，该技术都展现了重要价值与广阔前景。

随着传感器轻小化水平的提升，无人机可以携带更多的传感器，如视觉（摄像头）、激光雷达、惯性导航、北斗或 GPS 等，但各自为战的独立传感器通常不够强大。实践表明，相对于使用单一传感器的系统，多传感器融合技术在目标探测、跟踪及识别等方面具有明显的优势。它不仅显著提升了系统的生存能力和整体的可靠性与健壮性，还能够有效减少误差、提高数据的可信度，同时拓展了系统在时间与空间上的覆盖范围，增加系统实时性和信息利用率。

因此，在无人机的自主避障、飞行作业中，惯性测量单元（Inertial Measurement Unit，IMU）和 GNSS 的融合能为无人机提供更精准的定位信息，惯性导航可以为无人机视觉提供尺度信息，气压传感器可以纠正无人机的高度误差。

下面以 IMU 和卫星导航系统两种无人机最常用的传感器为例，分别简要介绍各自的独立工作原理和二者融合定位方法。

1. 惯性导航 IMU 航位推算

IMU 是一种运动控制设备上常用的传感器，具备测量姿态、速度和位置等数据的能力，其内部由陀螺仪和加速度计组成，直接与运载体固联，通过 5G 网联无人机系统机载专用智能终端采集惯性器件的输出信息，并进行数值积分求解运载体的姿态、速度和位置等导航参数。这 3 组参数的求解过程，即所谓的姿态更新算法、速度更新算法和位置更新算法。计算过程说明如下。

IMU 测量值通常为 t 时刻体轴坐标系中的加速度和角速度，即 $\tilde{a}_t^b$ 和 $\tilde{\omega}_t^b$。鉴于测量值中存在噪声，这里采用字母上面的波浪号表示观测值。IMU 的测量模型如下：

$$\tilde{a}_t^b = a_t^b + n_{a,t}^b + b_{a,t}^b$$

$$\tilde{\omega}_t^b = \omega_t^b + n_{\omega,t}^b + b_{\omega,t}^b$$

其中，在东北天坐标系下，a_t^b 与 a_t^ω 的关系为 $a_t^b = R_\omega^b\left(a_t^\omega - g^\omega\right)$，$g^\omega = \left(0.0 - 9.81\right)^T$。这里是减去 g^ω，此减法在不同的坐标系及 g^ω 的定义下可能为加法。但需要注意，在做自由落体运动的情况下，加速度的测量值为 0。依据这个原则，就可以确定在不同坐标系中的 n（表示噪声）服从高斯分布，b（表示偏差）的导数服从高斯分布。

依据牛顿第二定律和四元数运动学，旋转 q、速度 v、位置 p，这三者的导数分别为：

$$\dot{q}_{\omega b_t} = q_{\omega b_t} \otimes \left[0, \frac{1}{2}\omega_t^b\right]$$

$$\dot{v}_t^\omega = a_t^\omega$$

$$\dot{p}_{\omega b_t} = v_t^\omega$$

对上述方程积分，可得：

$$q_{\omega b_{t+\delta t}} = \int_t^{t+\delta t} q_{\omega b_t} \otimes \left[0, \frac{1}{2}\omega_t^b\right] dt$$

$$v_{t+\delta t}^{\omega} = v_t^{\omega} + \int_t^{t+\delta t} a_t^{\omega} dt$$

$$p_{t+\delta t}^{\omega} = p_t^{\omega} + \iint_t^{t+\delta t} a_t^{\omega} dt dt$$

IMU 提供某一时刻的数据，可以通过欧拉法或中值法实现 IMU 的离散运动模型。使用欧拉法用 k 时刻的测量值计算 $k+1$ 时刻的状态，它的离散模型如下。

算法输入为 k 时刻观测值 $\tilde{\omega}_k^b$、$\tilde{a}_k^b$、g^{ω}、$b_{a,k}$、$b_{\omega,k}$ 和 p、v、q；

算法输出为 $k+1$ 时刻的 p、v、q：

$$\omega_k^b = \tilde{\omega}_k^b - b_{\omega,k}$$

$$a_k^{\omega} = q_{\omega b_k}\left(\tilde{a}_k^b - b_{a,k}\right) + g^{\omega}$$

$$q_{\omega b_{k+1}} = q_{\omega b_k} \otimes \left[1, \frac{1}{2}\omega_k^b \delta t\right]$$

$$v_{k+1}^{\omega} = v_k^{\omega} + a_k^{\omega} \delta t$$

$$p_{k+1}^{\omega} = p_k^{\omega} + v_k^{\omega} + \frac{1}{2}a_k^{\omega} \delta t^2$$

通过上述推导，我们已经可以得到 $k+1$ 时刻的位移 p_{k+1}^{ω}、线速度 v_{k+1}^{ω} 和姿态 $q_{\omega b_{k+1}}$。迭代上述过程，就能计算出无人机（更准确地说是机载终端）在一段时间内空间位移和方向变化的详细记录。

2. 卫星导航系统

卫星导航系统是一种空基无线电导航定位系统，通过部署卫星和地面控制服务，为用户提供地球表面或近地空间任何地点的、全天候的三维坐标信息和速度信息。卫星导航系统可以看作另一种运动控制设备上常用的传感器。

目前，卫星导航系统在全世界范围内主要有中国的北斗、美国的 GPS、俄罗斯的 GLONASS 和欧盟的伽利略 4 个系统，无人机利用卫星接收机接收无线电信号进行实时定位和导航。这里以 GPS 为例，介绍卫星导航系统定位的基本原理。

假设待测点 A，当已知一个点的坐标 p_1 和该点与 A 之间的距离 r_1，可以把 A 的位置限定在一个以 p_1 为圆心、r_1 为半径的圆上，如图 5-7 所示。

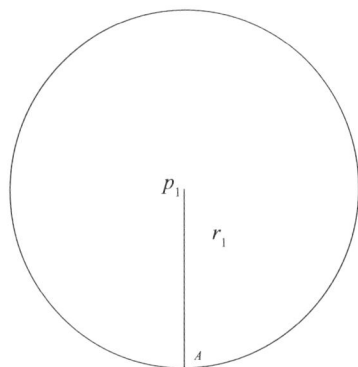

图 5-7　通过单点已知坐标和半径约束 A 的位置

如果同时又知道另一个点 p_2 和 p_2 到 A 的距离 r_2，可以把 A 的位置锁定在 A 和 B 两点，如图 5-8 所示。

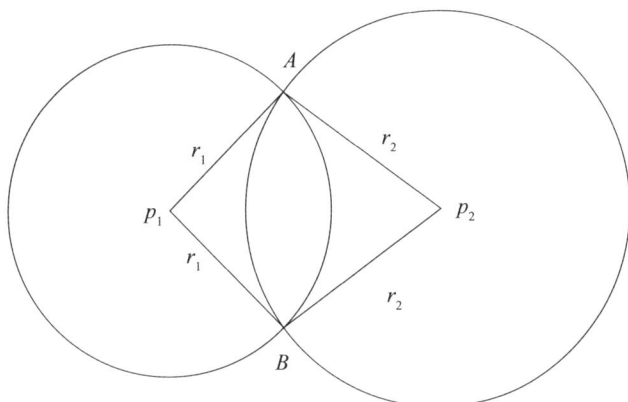

图 5-8　通过两个已知点约束 A 的位置

如果同时又知道第三个点 p_3 及其和 A 的距离 r_3，则可以唯一确定 A 的位置，如图 5-9 所示。

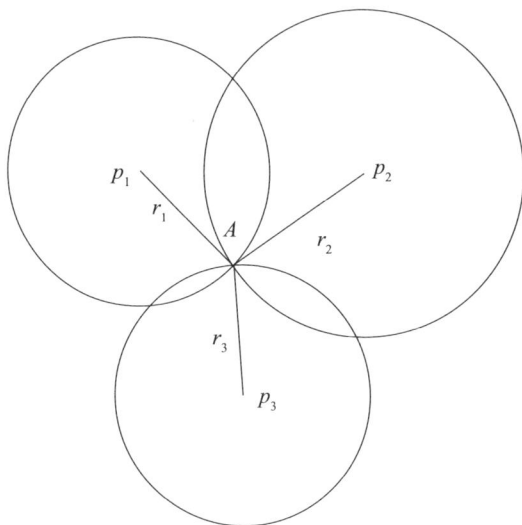

图 5-9　通过三个已知点确定 A 的位置

这里待测点 A 就相当于用户接收器的位置，而 p_1、p_2、p_3 就相当于卫星的位置。那么，如何知道卫星的位置 p_1、p_2、p_3，以及接收器与卫星间的距离 r_1、r_2、r_3 呢？以 GPS 为例，该系统由 24 颗卫星组成，均匀分布在 6 个轨道平面上。每颗卫星以固定频率持续发射包含轨道编号、卫星时钟校正参数、电离层延迟修正数据、卫星当前位置与时间信息的导航电文。用户接收器根据接收时间与电文中发送时间的差计算电文传播时间，计算接收器与卫星的距离（光速乘以时间）。这就是卫星定位最基本的工作原理。

但是在实际工程实现中，卫星和接收器的时钟都存在误差。也就是说，真实的发送和接收时间与系统显示的时间是有误差的，以此测算出的距离，我们称之为伪距。卫星侧可以通过增加硬件成本和计算修正该误差。但是在接收器上，受成本和体积重量的限制，很难消除该误差。解决的方法是将接收器的钟差也作为一个未知参数，同时增加接收一颗卫星 $p4$ 的电文用于计算。下面介绍数学建模过程。

设 t^j 为卫星 j 的真实发射电文时刻，$t^j(gps)$ 为卫星 j 发射电文的观测时间，δt^j 为钟差，则有：

$$t^j = t^j(gps) + \delta t^j$$

同样，设 t_i 为接收器的真实接收电文时刻，$t_i(gps)$ 为接收器接收电文的观测时间，δt_i 为钟差，则有：

$$t_i = t_i(gps) + \delta t_i$$

设伪距为 $\tilde{\rho}_i^j(t)$，则有：

$$\tilde{\rho}_i^j(t) = C(t_i - t^j)$$

其中，C 为光的传播速度，为常量。在不考虑收发两端钟差的情况下，有：

$$\rho_i^j(t) = C(t_i(gps) - t^j(gps))$$

代入伪距表达式，有：

$$\tilde{\rho}_i^j(t) = \rho_i^j(t) + C(\delta t_i - \delta t^j)$$

然而，在实际情况中，我们还需要考虑至少两个误差：电离层误差 δI_i^j、对流层误差 δT_i^j，则：

$$\tilde{\rho}_i^j(t) = \rho_i^j(t) + C(\delta t_i - \delta t^j) + \delta I_i^j + \delta T_i^j$$

设卫星 j 的坐标为 $P^j(t):(X^j(t),\ Y^j(t),\ Z^j(t))$，设接收器的坐标为 $P_i(t):(X_i(t),\ Y_i(t),\ Z_i(t))$，则有：

$$\rho_i^j(t) = \sqrt{\left(X^j(t) - X_i(t)\right)^2 + \left(Y^j(t) - Y_i(t)\right)^2 + \left(Z^j(t) - Z_i(t)\right)^2}$$

代入伪距表达式，有：

$$\tilde{\rho}_i^j(t) = \sqrt{\left(X^j(t) - X_i(t)\right)^2 + \left(Y^j(t) - Y_i(t)\right)^2 + \left(Z^j(t) - Z_i(t)\right)^2} + C(\delta t_i - \delta t^j) + \delta I_i^j + \delta T_i^j$$

其中，除了 X_i、Y_i、Z_i、δt_i 为未知量以外，其余皆为已知量。但该方程仍然很难求解，还需对其进行线性化，具体对 $\rho_i^j(t)$ 在点 $P_i^0\left(X_i^0,\ Y_i^0,\ Z_i^0\right)$ 处进行泰勒展开：

$$\rho_i^j(t)=\left(\rho_i^j(t)\right)_0+\left(\frac{\partial \rho_i^j(t)}{\partial X_i}\right)_0\left(X_i-X_i^0\right)+\left(\frac{\partial \rho_i^j(t)}{\partial Y_i}\right)_0\left(Y_i-Y_i^0\right)+\left(\frac{\partial \rho_i^j(t)}{\partial Z_i}\right)_0\left(Z_i-Z_i^0\right)$$

$$\rho_i^j(t)=\left(\rho_i^j(t)\right)_0+\left(\frac{\partial \rho_i^j(t)}{\partial X_i}\right)_0\delta X_i+\left(\frac{\partial \rho_i^j(t)}{\partial Y_i}\right)_0\delta Y_i+\left(\frac{\partial \rho_i^j(t)}{\partial Z_i}\right)_0\delta Z_i$$

其中，根据复合函数求导法则，有：

$$\frac{\partial \rho_i^j(t)}{\partial X_i}=-\frac{X^j(t)-X_i(t)}{\sqrt{\left(X^j(t)-X_i(t)\right)^2+\left(Y^j(t)-Y_i(t)\right)^2+\left(Z^j(t)-Z_i(t)\right)^2}}=-\frac{X^j(t)-X_i(t)}{\rho_i^j(t)}$$

则：

$$\left(\frac{\partial \rho_i^j(t)}{\partial X_i}\right)_0=-\frac{X^j(t)-X_i^0(t)}{\left(\rho_i^j(t)\right)_0}$$

同理，可以求解 Y_i 和 Z_i 的偏导：

$$\begin{cases}\left(\dfrac{\partial \rho_i^j(t)}{\partial X_i}\right)_0=-\dfrac{X^j(t)-X_i^0(t)}{\left(\rho_i^j(t)\right)_0}=-l(t)^j\\[3mm]\left(\dfrac{\partial \rho_i^j(t)}{\partial Y_i}\right)_0=-\dfrac{Y^j(t)-Y_i^0(t)}{\left(\rho_i^j(t)\right)_0}=-m(t)^j\\[3mm]\left(\dfrac{\partial \rho_i^j(t)}{\partial Z_i}\right)_0=-\dfrac{Z^j(t)-Z_i^0(t)}{\left(\rho_i^j(t)\right)_0}=-n(t)^j\end{cases}$$

代入伪距表达式，有：

$$\tilde{\rho}_i^j(t)=\left(\rho_i^j(t)\right)_0-l(t)^j\delta X_i-m(t)^j\delta Y_i-n(t)^j\delta Z_i+C\left(\delta t_i-\delta t^j\right)+\delta I_i^j+\delta T_i^j$$

其中，δX_i、δY_i、δZ_i、δt_i 即需要求解的 4 个参数。因此，理论上用户接收器至少需要同时收到 4 颗卫星的信号即可完成定位。

上述方法就是卫星导航系统中的一种经典方法——伪距测量法的观测方程推导过程。此外，还有通过载波相位来定位的方法，这里不做叙述。

卫星信号的强度非常微弱，容易受到各种干扰。然而，卫星导航系统提供的位置误差并不会随时间逐渐累积。因此，卫星导航系统与惯性导航系统具有较好的互补性。通过将惯性导航与卫星导航系统相结合，可以充分发挥两者的优势，提升系统的精度和可靠性。

3. 组合导航技术

将航行载体从起始点引导到目的地的技术或方法称为导航。导航系统提供的信息主要有姿态、方位、速度和位置，甚至包括加速度和角速率，这些信息可用于无人机的正确操纵和控制。随着技术的不断进步，各种导航系统应运而生，包括惯性导航系统、卫星导航系统、磁罗盘、里程仪、多普勒测速仪、空速计、气压高度表、雷达高度表、地标点和地图匹配等。这些系统的多样化为不同场景下的导航需求提供了更多选择。

前文探讨了两种常用的无人机传感器，它们各自能够独立形成完整的导航系统，并各具特色和优缺点。惯性导航系统的优点包括高度自主和出色的动态性能、全面的导航信息及高输出频率，其缺点是误差会随时间逐渐累积，导致长期精度较差。相比之下，卫星导航系统的优点是高精度且没有误差累积问题，但其缺点包括导航信息不够全面、频带较窄、信号易受干扰，并且在室内等环境下无法接收卫星信号，限制了其使用范围。

在对导航性能要求极高的任务中，无论是精度还是可靠性，单一的导航系统往往难以满足需求。因此，为了实现更准确和可靠的导航结果，通常需要同时使用多种导航系统对无人机进行导航信息测量，并对所有测量数据进行综合处理。这包括数据的检测、融合、相关分析和估计，以确保最终获得的导航信息具有更高的精度和可靠性。这种综合处理多种导航信息的技术，被称为组合导航技术。

下面简单介绍使用误差状态卡尔曼滤波器（Error-state Kalman Filter，ESKF）算法，融合卫星导航和 IMU 两种导航系统。

前文已经给出了 IMU 航位推算的方法，相比之下 IMU 误差方程推导极为复杂，这里仅提供结论：

$$\dot{\phi} = \phi \times \omega_{ie}^n - \delta\,\omega_{ib}^n$$

$$\delta\dot{V} = f^n \times \phi + \delta f^n$$

$$\delta\dot{P} = \delta V$$

其中，$\phi = [\phi_E, \phi_N, \phi_U]^T$，表示在导航（东—北—天）系下旋转的误差；$\omega_{ie}^n = [0, \omega\cos L, \omega\sin L]^T$，为地球自转角速度，式中 L 为弧度表示下的当前纬度值，$\omega = 7.292115e(-5)\mathrm{r/s}$；$\delta\omega_{ib}^n = C_b^n[\varepsilon_x, \varepsilon_y, \varepsilon_z]^T$，式中 ε 是陀螺仪的偏差在 IMU 坐标系下的 3 个分量，C_b^n 是当前 IMU 到导航系的变换矩阵；$f^n = [f_E, f_N, f_U]^T$，是在导航（东—北—天）系下 IMU 加速度测量值；$\delta f^n = C_b^n[\nabla_x, \nabla_y, \nabla_z]^T$，$\nabla$ 是 IMU 加速度计的偏差在 IMU 坐标系下的分量。

将上述等式全部代入误差方程：

$$\begin{bmatrix} \dot{\phi}_E \\ \dot{\phi}_N \\ \dot{\phi}_U \end{bmatrix} = \begin{bmatrix} 0 & -\phi_U & \phi_N \\ \phi_U & 0 & -\phi_E \\ -\phi_N & \phi_E & 0 \end{bmatrix} \begin{bmatrix} 0 \\ \omega\cos L \\ \omega\sin L \end{bmatrix} - C_b^n \begin{bmatrix} \varepsilon_x \\ \varepsilon_y \\ \varepsilon_z \end{bmatrix}$$

$$\begin{bmatrix} \delta\dot{V}_E \\ \delta\dot{V}_N \\ \delta\dot{V}_U \end{bmatrix} = \begin{bmatrix} 0 & -f_U & f_N \\ f_U & 0 & -f_E \\ -f_N & f_E & 0 \end{bmatrix} \begin{bmatrix} \phi_E \\ \phi_N \\ \phi_U \end{bmatrix} + C_b^n \begin{bmatrix} \nabla_x \\ \nabla_y \\ \nabla_z \end{bmatrix}$$

$$\begin{bmatrix} \delta \dot{P}_E \\ \delta \dot{P}_N \\ \delta \dot{P}_U \end{bmatrix} = \begin{bmatrix} \delta V_E \\ \delta V_N \\ \delta V_U \end{bmatrix}$$

构建状态方程

设滤波的状态方程为：

$$X_k = F_{k-1} X_{k-1} + B_{k-1} W_k$$

X 是要估计的状态量。对于 ESKF 算法状态量的组成可以有很多种维度，这里选位移误差、速度误差、姿态误差、陀螺仪的偏差、加速度计的偏差，将其写成向量如下：

$$X = \begin{bmatrix} \delta P^T, \delta V^T, \delta \phi^T, \varepsilon^T, V^T \end{bmatrix}^T$$

其中：

$$\delta P^T = \begin{bmatrix} \delta P_E, \delta P_N, \delta P_U \end{bmatrix}^T$$

$$\delta V^T = \begin{bmatrix} \delta V_E, \delta V_N, \delta V_U \end{bmatrix}^T$$

$$\delta \phi^T = \begin{bmatrix} \delta \phi_E, \delta \phi_N, \delta \phi_U \end{bmatrix}^T$$

$$\varepsilon^T = \begin{bmatrix} \varepsilon_x, \varepsilon_y, \varepsilon_z \end{bmatrix}^T$$

$$V^T = \begin{bmatrix} V_x, V_y, V_z \end{bmatrix}^T$$

$$F_t = \begin{bmatrix} 0_{3\times3} & I_{3\times3} & 0_{3\times3} & 0_{3\times3} & 0_{3\times3} \\ 0_{3\times3} & 0_{3\times3} & F_{23} & 0_{3\times3} & C_b^n \\ 0_{3\times3} & 0_{3\times3} & F_{33} & -C_b^n & 0_{3\times3} \\ 0_{3\times3} & 0_{3\times3} & 0_{3\times3} & 0_{3\times3} & 0_{3\times3} \\ 0_{3\times3} & 0_{3\times3} & 0_{3\times3} & 0_{3\times3} & 0_{3\times3} \end{bmatrix}$$

$$F_{23} = \begin{bmatrix} 0 & -f_U & f_N \\ f_U & 0 & -f_E \\ -f_N & f_E & 0 \end{bmatrix}$$

$$F_{33} = \begin{bmatrix} 0 & \omega\sin L & -\omega\cos L \\ -\omega\sin L & 0 & 0 \\ \omega\cos L & 0 & 0 \end{bmatrix}$$

代表 IMU 中陀螺仪与加速度计的偏差噪声，其完整形式如下：

$$W = \begin{bmatrix} w_{gx}, w_{gy}, w_{gz}, w_{ax}, w_{ay}, w_{az} \end{bmatrix}$$

其中，w_{gx}、w_{gy}、w_{gz} 是陀螺仪在 3 个轴上的偏差噪声，w_{ax}、w_{ay}、w_{az} 是加速度计在 3 个轴上的偏差噪声。

B 代表噪声转移矩阵，其完整形式如下：

$$B_t = \begin{bmatrix} 0_{3\times3} & 0_{3\times3} \\ 0_{3\times3} & C_b^n \\ -C_b^n & 0_{3\times3} \\ 0_{6\times3} & 0_{6\times3} \end{bmatrix}$$

构建观测方程

预测值来自 IMU。而对于观测值，我们采用的是卫星导航系统的观测，其观测方程如下：

$$Y = GX + CN$$

我们只关心卫星提供的位置信息，所以：

$$Y = \begin{bmatrix} \delta P_E, \delta P_N, \delta P_U \end{bmatrix}^T$$

N 为卫星系统的观测噪声。同样，我们只取 3 个位置维度上的噪声：

$$N = \begin{bmatrix} n_{P_E}, n_{P_N}, n_{P_U} \end{bmatrix}^T$$

所以：

$$G = \begin{bmatrix} I_{3\times3} & 0_{3\times12} \end{bmatrix}$$

$$C = \begin{bmatrix} I_{3\times3} \end{bmatrix}$$

至此，可以得到卡尔曼滤波器的 5 个完整方程：

$$\check{X}_k = F_{k-1}\hat{X}_{k-1} + B_{k-1}W_k$$

$$\check{P}_k = F_{k-1}\hat{P}_{k-1}F_{k-1}^{\mathrm{T}} + B_{k-1}Q_kB_{k-1}^{\mathrm{T}}$$

$$K_k = \check{P}_k G_k^{\mathrm{T}}\left(G_k \check{P}_k G_k^{\mathrm{T}} + C_k R_k C_k^{\mathrm{T}} \right)^{-1}$$

$$\hat{P}_k = \left(I - K_k G_k \right)\check{P}_k$$

$$\hat{X}_k = \check{X}_k + K_k\left(Y_k - G_k \check{X}_k \right)$$

其中，Q、R 皆为常量。前两个等式对应的是预测过程，主要用来预测状态量和状态量对应的协方差。第三个等式中的 K 是卡尔曼增益，它用来决策本次预测和测量中更应该相信谁。第四个和第五个等式则是矫正前两个方程预测时的误差。至此，我们对 IMU 和卫星导航系统完成融合，可获得比两种传感器独立测量更小的误差，为无人机获取更加精确的位姿信息。

4. 小结

前文分别介绍了 IMU 和卫星导航系统两种不同的传感器，以及将它们进行融合的导航方法。通过这种融合技术，无人机能够获取更加精确的位姿信息，从而确保能够在更复杂的环境中飞行和精确作业。

与此类似，我们可以根据使用场景的需要，对无人机的视觉、激光等其他传感器数据进行融合以获得更好的无人机位姿信息。

5.4.2　实时定位与地图构建

无人机的航线规划、避障、跟踪等应用要求无人机首先必须有能力在一定程度上感知周边的环境。更具体地说，要求无人机一方面能够尽量还原周围物体的三维信息，另一方面能准确估算自身的位姿与周围物体的相对关系。在此前提下，无人机才有可能对其下一步飞行动作做出合理的决策。5.4.1 节讲述的内容虽然在一定程度上可提高定位精度，但是还不能进行周围物体的三维重建，这就需要用到本节将讲述的实时定位与地图构建（SLAM）技术。

SLAM 一方面可以提供无人机自身的位姿信息，使无人机可以准确掌握自己的位置和航向；另一方面能对周围世界进行三维建模，使无人机能及时发现自己周边的物体。基于这些信息，无人机可以进一步判断是否有物体与自己距离太近需要注意、是否有物体挡在自己的预期航线上需要躲避，等等。

此外，SLAM 对无人机整体解决方案还有一个重要的收益点：对于云侧的一些建模应用（如城市、交通、园区、楼房的三维重建），经过终端侧SLAM 处理后的三维数据（点云），其数据量相比原始传感器数据大大降低，也就大幅度降低了无人机系统的数据传输、存储和计算压力。

随着无人机行业的不断发展，智能化作业和自主飞行的需求日益增长，随之而来的是对无人机环境感知能力的更高要求。这对无人机的感知系统提出了更严苛的挑战，需要更高精度、更强适应性的技术支持。SLAM 为无人机的自主飞行、智能作业等提供了先决条件，近年来成为无人机技术研究的一个重要课题。

虽然 SLAM 的相关研究已经进行了 30 多年，但是到目前仍然没有广泛走进人们的生活。最主要的原因是 SLAM 对实时性要求比较高，但要做到比较精确、稳定、可靠、适合多种场景的方案，计算量又相对较大，目前移动式设备的计算能力还不足以支撑这么大的计算量，为了达到实时性能，往往需要在精确度和稳定性上做些牺牲。因此，在具体的应用中，往往需要根据移动设备所具有的传感器组合、计算能力、用户场景等选择和深度定制合适的 SLAM 算法。例如，无人驾驶汽车和终端 AR 类应用的 SLAM 算法就存在很大的差异。在无人驾驶汽车中，传感器的使用可以有更广泛的选择空间。其中，构建地图时和即时定位时的算法又很不一样，需要根据具体场景下使用的传感器类型和可以获得的地图辅助数据类型等信息进行综合性的方案设计，以达到精度和稳定性上的最大收益。在消费终端的 AR 类应用中，如何利用标配的单目 +MEMS IMU 在手机上得到更精确、更稳定的算法是关键任务。同样，对无人机而言，SLAM 算法也需要针对不同的上层应用，选择不同的载荷和进行一定程度的定制化改动。

一个完整的 SLAM 框架包括前端、回环检测、后端与建图。其中，前端负责融合无人机上各种传感器的数据，对其进行匹配、建图，生成路标；回环检测的作用是判定无人机目前正在经过一片已经完成建模的区域，还是在一片新的区域；后端接收不同时刻由前端得到的里程计信息和回环检测的信息，对它们进行优化以消除或抑制前端里程计引入的累积误差，从而生成全局一致的轨迹；建图则是根据前三者将路标信息进行拼接，最终生成地图。对无人机来说，我们通常需要三维的度量地图，但也不排除一些特定场景下构建的地图是二维的。

本节以无人机的视觉 SLAM 为例，简要介绍其原理。

1. 前端里程计

在介绍前端里程计之前，我们需要引入三维空间中刚体变换的概念。三维空间中把一个物体做旋转、平移，是一种保持物体大小和形状不变的变换，如图 5-10 所示。

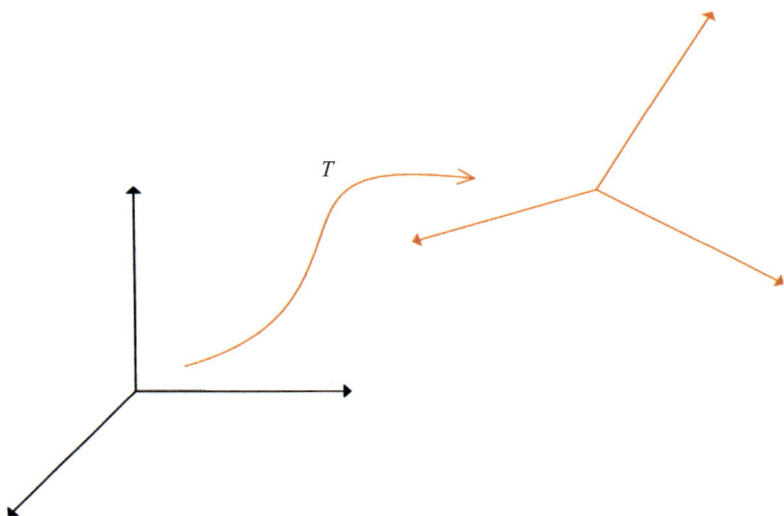

图 5-10   三维空间刚体变换

在数学上可以用变换矩阵 $T \in \mathbb{R}^{4 \times 4}$ 来表示：

$$T = \begin{bmatrix} R & \vec{t} \\ \vec{0}^T & 1 \end{bmatrix}$$

其中，R 表示旋转，$R \in \mathbb{R}^{3 \times 3}$，且满足性质：

$$RR^{\mathrm{T}} = \begin{bmatrix} 1 & 0 & 0 \\ 0 & 1 & 0 \\ 0 & 0 & 1 \end{bmatrix}, \quad \vec{t} = \begin{bmatrix} x \\ y \\ z \end{bmatrix} \text{表示平移，} \vec{0} = \begin{bmatrix} 0 \\ 0 \\ 0 \end{bmatrix}$$

前端最主要的作用包括以下两点。

（1）估算每一时刻 t_k 相对于上一时刻 t_{k-1} 的运动变化 T。

（2）将传感器输入的数据在三维空间进行建模。通俗地说，尽可能准确地还原出图像上的点在三维空间的位置。

对于第一点，以最常见的针孔相机模型为例，如图 5-11 所示。

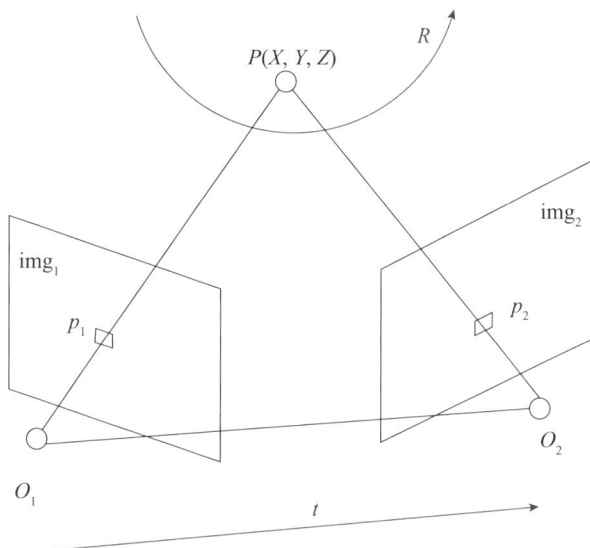

图 5-11　多视图几何方法求解相机姿态变换

如图 5-11 所示，我们希望求解相机 t_k 时刻相对于 t_{k-1} 时刻的运动 T，设相机 t_k 相对于 t_{k-1} 的旋转和平移分别为 R 和 $\vec{t}$，且 t_k 与 t_{k-1} 时刻相机的光心位置分别为 O_1、O_2，则 img_1 与 img_2 分别为相机在 t_k 与 t_{k-1} 的归一化呈像平面。

假设 P 的空间位置为 $P=\left[X,Y,Z\right]^T$，将 P 分别投影至 img_1 和 img_2，则两个投影点的像素位置 p_1 和 p_2 分别为 $p_1=KP$ 和 $p_2=K\left(RP+t\right)$。这里 K 为相机内参矩阵，有[1]：

$$K=\begin{pmatrix} f_x & 0 & c_x \\ 0 & f_y & c_y \\ 0 & 0 & 1 \end{pmatrix}$$

设 x_1 和 x_2 是归一化平面上两个像素点的坐标，有：

$$x_1=K^{-1}p_1$$

$$x_2=K^{-1}p_2$$

---

[1]　高翔，张涛. 视觉 SLAM 十四讲 [M]. 电子工业出版社，2017.

又，$x_2 = Rx_1 + t$。等式两边先同时左乘 $x_2^T t \wedge$（此处 $\wedge$ 等价为外积），由于 $t \wedge t=0$，则有：

$$x_2^T t \wedge x_2 = x_2^T t \wedge Rx_1$$

等式左侧为 0，则有：

$$x_2^T t \wedge Rx_1 = 0$$

重新代入 p_1 和 p_2，有：

$$p_2^T K^{-T} t \wedge RK^{-1} p_1 = 0$$

设本质矩阵 E，$E = t \wedge R$，$F = K^{-T} t \wedge RK^{-1}$，至此如果可以求得 E 或 F，便可分解出 R 和 t，进而估算出相机在 t_k 与 t_{k-1} 之间的位置变换关系。那么，我们通过什么办法可以求得 E 或 F 呢？特征点法。

特征点由关键点（key point）和描述子（descriptor）两部分组成。关键点是指该特征点在图像里的像素坐标。描述子通常是一个包含关键点信息的向量，两个关键点的描述子向量距离越近，两个点越相似。常见的描述子有 BRIEF[1]、SIFT[2] 等，本文不过多论述。对于视觉 SLAM，特征匹配是极为关键的一步，通过对图像与图像或图像与地图之间的描述子进行准确匹配，可以为后续的位姿估算、优化等操作提供更优的初值，同时减轻计算开销。

通过上述方法，我们可以得到 1 时刻和 2 时刻两张图像上的多个匹配像素。

至此，我们通过经典的八点算法（eight point algorithm）配合奇异值分解（Singular Value Decomposition，SVD）便可求解出 E，进而分解得到 R

---

① M. Calonder, V. Lepetit, C. Strecha. P. Fua. Brief: Binary robust independent elementary features[C]. European conference on computer vision, 2010. 9.

② D. G. Lowe. Distinctive image features from scale-invariant keypoints[C]. IEEE International Conference on Computer Vision (ICCV), 2004.

和 t。八点算法和奇异值分解的步骤，本书不做详细叙述。

对于第二点——将传感器输入数据在三维空间建模，针对视觉 SLAM，我们通常使用三角测量的方法估算图像上的像素点在真实世界中的三维坐标，如图 5-11 所示。该方法最早由高斯提出并应用于测量学中，后被广泛应用于天文学、地理学的测量。

通过前文的叙述，我们已经得到了图 5-11 中 img_2 相对于 img_1 的变换矩阵 T。设 x_1 和 x_2 为两个特征点的归一化坐标，有：

$$s_1 x_1 = s_2 R x_2 + t$$

等式两端左乘 $x_1 \wedge$，由于 $x_1 \wedge x_1$ 恒为零，则有：

$$s_2 x_1 \wedge R x_2 + x_1 \wedge t = 0$$

该方程中未知量只有 s_2，可以求解，基于此便估算出了 P 的真实位置。值得注意的是，往往一个三维点 P 在多个时刻的图像 I 中都会有投影，此时通过上述方法求得的 P 可能存在差异。那么，我们可以使用最小二乘法得到一个 P 最优的估计值[1]。

至此，我们以特征点匹配的方法为例，讲述了一种可行的无人机视觉 SLAM 前端方案。SLAM 前端还有很多其他解决方案和算法，例如，对于视觉 SLAM，有光流法；对于激光 SLAM，还有 ICP 法。理论上，这些方法都适用于无人机，具体如何选择，要视无人机载荷及使用场景而定。

2. 后端优化

消除前端在较长时间内累积的误差，需要构建一个尺度及规模更大的长时间内的最优轨迹和地图。这是一个相对于前端更庞大和复杂的数学上的优化问题，意味着我们需要将 SLAM 转化成数学问题。那么，这个数学

---

[1] 高翔，张涛. 视觉 SLAM 十四讲 [M]. 电子工业出版社，2017.

问题如何构建呢？通常，我们认为 SLAM 可以通过两件事情来描述。

第一，运动：$x_k = f(x_{k-1}, \mu_k) + \omega_k$，表示 k 时刻状态位姿 x 可以由 $k-1$ 时刻的位姿结合 k 时刻运动传感器提供的读数 μ，通过一个明确的数学表达式 f 转化而来，同时考虑任何传感器都是有误差的，所以我们加上一个噪声 ω [1]。

第二，观测：$z_{k,j} = h(x_k, y_j) + \upsilon_{k,j}$，表示 k 时刻在 x 位姿下可以观测到的第 j 个路标点 y，通过一个明确的数学表达式 h 可以得到一个观测值 z，同样考虑到误差，我们加上一个噪声 υ [2]。

然而，对于没有运动方程的场景，整个优化问题就退化成只由许多个观测方程组成。

通过对前端的描述，实际上我们已经得到了 x 和 y 的初始值。这里的 x 代表此时相机的位置与姿态，即外参 (R, t)，设与之对应的李代数（Lie algebra）为 ξ。路标 y 即这里的三维点 p，那么我们用一个抽象的表达式表示本次观测的误差：$e_{ij} = z_{ij} - h(\xi_i, p_j)$。它表示在位姿 i 处观测到的第 j 个路标点，通过 h 变换之后产生了观测值 z，z 与真实值之间的误差为 e。而后端的目标就是优化姿态和路标的值，让总体的 e 最小，我们可以用经典的最小二乘法构建该问题的代价函数：

$$\frac{1}{2}\sum_{i=1}^{m}\sum_{j=1}^{n}\|e_{ij}\|^2 = \frac{1}{2}\sum_{i=1}^{m}\sum_{j=1}^{n}\|z_{ij} - h(\xi_i, p_j)\|^2$$

因为其中 $h(\xi, p)$ 并非线性函数，所以将上式进行非线性化：

$$\frac{1}{2}\|f(x + \Delta x)\|^2 \approx \frac{1}{2}\sum_{i=1}^{m}\sum_{j=1}^{n}\|e + F_{ij}\Delta\xi_i + E_{ij}\Delta p_j\|^2$$

---

[1] 高翔，张涛. 视觉 SLAM 十四讲 [M]. 电子工业出版社，2017.

[2] 高翔，张涛. 视觉 SLAM 十四讲 [M]. 电子工业出版社，2017.

其中，F_{ij} 为对位姿 i 的偏导，E_{ij} 代表对第 j 个路标的偏导数[①]。

3. 回环检测

如果只关注时间上相邻帧之间的关联，而忽略了空间上的重复观测关系，那么前一时刻产生的误差会不断传递并累积到后续时刻，最终导致 SLAM 系统在长时间运行后出现严重的累计误差。这种误差会影响整体轨迹估计的准确性，甚至使最终构建的地图无法保持全局一致性。因此，回环检测在 SLAM 系统中具有至关重要的作用，它直接关系到系统在长时间运行后的轨迹和地图的准确性与可用性。那么，如何进行回环检测呢？

一种方式是通过随机抽取历史数据进行回环检测。例如，在 n 帧中随机抽若干（小于 n）帧与当前帧比较。这种做法的优点是计算量可控，但是缺点也很明显，随着系统中的总帧数 N 不断增长，固定且有限的采样数一定会导致漏检测的概率增加[②]。

另一种方式是基于外观的检测方法，即通过比较两张图像的外观相似性判断是否存在回环关系。这种做法避免了累计误差，使回环检测模块可以作为 SLAM 系统中相对独立的组件存在。在基于外观的回环检测算法中，关键是如何计算两帧图像之间的相似性。例如，对于图像 A 和图像 B，要设计一种方法计算它们之间的相似性评分：$s(A，B)$，当其大于某个预先设定的阈值时，我们则认为出现了回环[③]。s 的选择方式很多，业界有一种经典的方法是利用词袋（Bag-of-Words，BoW）模型，这里不做过多论述。

---

① 高翔，张涛. 视觉 SLAM 十四讲 [M]. 电子工业出版社，2017.
② 高翔，张涛. 视觉 SLAM 十四讲 [M]. 电子工业出版社，2017.
③ 高翔，张涛. 视觉 SLAM 十四讲 [M]. 电子工业出版社，2017.

4. 小结

前文简单介绍了视觉 SLAM，由于视觉传感器在体积、重量、成本等方面有优势，因此在无人机等领域有较广泛的应用。近些年，深度学习的持续突破推动了相关技术在视觉 SLAM 中的广泛应用，越来越多基于深度学习的方法被引入该领域。这意味着更多具备语义信息的路标将被运用，更有效地消除传统方法引入的误差。

除了视觉 SLAM，业界另一个大的研究方向是基于激光的 SLAM。激光虽然因其体积大、成本高的特点导致在使用场景上有较多的限制，但是相对于稀疏法视觉 SLAM，往往能获得更稠密的点云；而且相对于稠密视觉 SLAM，基于激光的 SLAM 的精度往往更高。因此，针对无人机的不同业务场景，对于传感器的需求往往不同，这里不过多描述。

5.4.3 局部航路规划

无人机在获得目的地信息后，需要通过全局航路规划设计一条大致可行的路线（静态全局航路规划的内容见 3.2.1 节）。全局航路规划是一种基于已知环境的事前规划方法，旨在为无人机规划出一条最优航路。这种方法的精度依赖对环境的准确获取，要求预先掌握环境的详细信息。然而，当环境发生变化，如出现未知障碍物时，这种方法的有效性会受到限制。因此，尽管全局航路规划能提供全局性的较优结果，但对环境模型的误差和噪声的健壮性较差，对无人机系统的实时计算能力要求不高[1]。

相对而言，局部航路规划则适用于环境信息完全未知或仅部分已知

---

① 高翔，张涛. 视觉 SLAM 十四讲 [M]. 电子工业出版社，2017.

的情况。它侧重于根据无人机当前的局部环境信息进行规划，重点在于确保无人机具有良好的避障能力。局部航路规划通过传感器探测无人机的工作环境，获取障碍物的位置和几何特征。这种方法需要实时收集环境数据，并对环境模型进行动态更新和校正。局部航路规划方法将环境建模与航路搜索结合起来，对无人机系统的高速信息处理和计算能力有较高要求，能够对环境误差和噪声具有较强的健壮性，并能实时反馈和调整规划结果。

人工势场（Artificial Potential Field，APF）算法是斯坦福大学教授奥萨玛·哈提卜（Oussama Khatib）提出的一种适用于无人驾驶设备的航路规划算法，设计初衷是解决机械手及机器人实时避障问题[①]。APF 算法的核心理念是在载体所处的地图空间中构建一个虚拟的势力场，使载体的空间运动过程转化为其在该势场中受力运动的过程。通过吸引目标和排斥障碍的力场设计，载体在力的引导下朝着目标位置平稳前进。

在这个人为构建的虚拟势场中，将目标点和障碍物抽象为地图上的质点。目标点处形成一个吸引力势场，其引力方向由无人机当前位置指向目标点，模拟无人机被"拉向"目标。而在障碍物所在位置，则建立斥力势场，斥力方向从障碍物指向无人机，用于模拟避障效果。无人机在地图上运动时会同时受到目标点吸引力和障碍物斥力的共同作用，从而在合力引导下朝目标移动并避开障碍。在无人机移动过程中，所受到的引力与斥力的大小与方向时刻发生变化，其所处的人工势场 U 由引力势场 U_{att} 和斥力势场 U_{req} 组成。

引力势场的大小与无人机和目标点之间的距离成正比：

---

① Oussama Khatib. Real-Time Obstacle Avoidance for Manipulators and Mobile Robots[J]. International Journal of Robotics Research, 1986. 4.

$$U_{att} = \frac{1}{2} k_{att} \rho^2 \left(X, X_g \right)$$

其中，k_{att} 为增益系数，可根据实际情况进行调节；X 代表无人机当前位置；X_g 为目标位置；$\rho^2 \left(X, X_g \right)$ 表示二者之间欧氏距离的二范数。U_{att} 的负梯度，即算法提供给无人机的引力为：

$$F_{att} = -\nabla \left[U_{att} \right]$$

$$= -\left[k_{att} \rho \left(X, X_g \right)(-1) \right]$$

$$= k_{att} \rho \left(X, X_g \right)$$

斥力势场的定义与引力势场略有不同。我们引入一个影响范围的概念，即只有当无人机进入该范围的情况下，该势场才起作用，且斥力与二者间的距离成反比，否则无影响。因此，对斥力势场的数据建模可描述如下：

$$U_{rep} = \begin{cases} \dfrac{1}{2} k_{rep} \left(\dfrac{1}{\rho \left(X, X_o \right)} - \dfrac{1}{\rho_o} \right)^2 & \rho \left(X, X_o \right) \leqslant \rho_o \\ 0 & \rho \left(X, X_o \right) > \rho_o \end{cases}$$

同样，k_{rep} 为增益系数，X_o 为障碍物所在位置，$\rho \left(X, X_o \right)$ 表示二者之间的欧几里得距离，ρ_o 为我们设定的影响范围。

因此，斥力函数可以用 U_{req} 的负梯度表示（下面仅考虑在影响范围内的情况）：

$$F_{rep} = -\nabla \left[U_{rep} \right]$$

$$= -\left[-k_{rep} \left(\frac{1}{\rho \left(X, X_o \right)} - \frac{1}{\rho_o} \right) \frac{1}{\rho^2 \left(X, X_o \right)} \right]$$

$$= k_{rep} \left(\frac{1}{\rho \left(X, X_o \right)} - \frac{1}{\rho_o} \right) \frac{1}{\rho^2 \left(X, X_o \right)}$$

则合力可以表示为：

$$F = F_{att} + F_{rep}$$

F 的方向即无人机下一时刻的行进方向，而 F 的大小决定了下一时刻的速率。

在实际应用中，我们往往采用上、下位机组合的方式。上位机部署规划算法，其输入各个传感器及建图算法处理后的局部三维建模，即 5.4.1 节和 5.4.2 节中所介绍，其输出即为 F，通过实时交互将下一时刻的控制信息下发至下位机的飞控算法，以此控制无人机达到自主飞行的目的。

5.5　哈勃一号及其主要功能

5G 网联无人机系统机载专用智能终端是云、网、端协同的 5G 网联无人机系统关键技术体系的三大核心组成之一。图 5-12 所示的哈勃一号（智能版）是一个典型的 5G 网联无人机系统机载专用智能终端。

图 5-12　哈勃一号（智能版）

哈勃一号（智能版）的主要规格参数如表 5-9 所示。

表 5-9　哈勃一号（智能版）的主要规格参数

	设备名称	哈勃一号（智能版）
基本信息	主机尺寸	117 mm × 68 mm × 33 mm（长度 × 宽度 × 高度）
	终端算力	21TOPS
	网络接口	支持千兆以太网
	USB 接口	USB 3.0
	串口	支持 TTL、RS232 串口
	SIM 卡接口	支持 nano SIM 卡和 eSIM
	复位键	支持
	状态指示灯	支持
	天线接口	支持 4 天线
电源	XT30 电源接口	支持 DC 9 ~ 36 V
网络支持	5G 网络	支持 SA 和 NSA
	4G 网络	支持 TD-LTE 和 LTE FDD

　　哈勃一号（前装版）是中国移动（成都）产业研究院经过 5 年多的持续研究及能力沉淀，分别与主流头部无人机厂商进行 5G 网联无人机系统的深入研发合作，形成的能够快速适配、安全可靠的 5G 网联无人机系统机载专用智能终端前装方案，并完成了无人机厂商的适配工作。

　　哈勃一号作为全球首款 5G 网联无人机系统机载专用终端，采用了轻量小型化的设计，便于安装；支持 9 ~ 36 V 宽电压输入，能适配多数的无人机电源。同时，哈勃一号具有 5G 接入能力，支持 SA/NSA 组网方式；具有丰富的物理接口，包含千兆以太网、多路 UART 及 USB 3.0，可接入并传输多种无人机的飞控数据和载荷数据。

　　哈勃一号在云、网、端协同的 5G 网联无人机系统关键技术体系协同机制下，可通过 5G 网络实时将无人机的飞控数据和载荷数据与云平台进行交互，实现飞控数据和载荷数据的上传，并可接收云平台下发的航点动作及飞行任务，赋能无人机的飞行控制及飞控数据和载荷数据的回传分析。在条件具备的情况下，云平台还可以通过哈勃一号实现对无人机的超视距控制。

哈勃一号的主要功能解析如下。

1. 飞控数据传输与处理

在飞控数据处理方面，哈勃一号通过串口、以太网口等连接无人机的飞控模块，通过 5G 网络连接无人机云平台，提供低时延、大带宽、安全的数据传输通道。

哈勃一号可以接收来自无人机飞控模块上报的各种飞行状态数据，如速度、航向、高度、经纬度位置等。针对不同的飞控厂商，哈勃一号还能对飞行状态数据进行协议转换，统一格式后上报无人机云平台。

同时，哈勃一号可以接收来自云平台的飞行控制指令，并根据各个不同飞控厂商的需要，将其转换为适应飞控厂商协议的飞行控制指令发送给无人机飞控模块，实现对无人机的控制。

哈勃一号与云平台可交互实现对无人机的航点任务规划，即在平台侧提前完成航点规划，并设定好高度和速度等参数，然后下发给哈勃一号，哈勃一号再与无人机实现交互控制。

2. 载荷图像数据传输与处理

在载荷图像数据处理方面，哈勃一号可提供包括千兆以太网、USB 3.0 在内的高速数据接口来连接不同类型的无人机摄像头；同时提供低时延、大带宽的 5G 数据传输通道，满足高清视频流的实时传输，以实时将摄像头视频推送至无人机云平台。同时，哈勃一号还可在端侧完成视频编解码等视频处理功能。

3. 配置管理

在配置管理方面，本地电脑可通过以太网或 Wi-Fi 连接哈勃一号进行配置管理。哈勃一号具备 Wi-Fi 热点连接功能，支持 IEEE802.11n，用户可通过连接 Wi-Fi 热点对哈勃一号进行参数配置。同时，为了减少无人机的功耗，Wi-Fi 在一分钟内没有热点连接则自动关闭。

4. 安全保障

在安全保障方面，哈勃一号具有 SE 芯片安全加密能力，可以对终端的身份、传输的数据等进行安全加密，保证终端的安全。

5. 高精度定位服务

哈勃一号通过串口或网口与无人机系统中的导航系统连接，通过采集无人机基础的经纬度等定位数据，利用 5G 网络将定位数据上传至中国移动 5G＋北斗高精度定位平台。同时，哈勃一号能够获取修正后的定位数据，并将修正后的数据下发至无人机导航系统，实现无人机厘米级的定位服务。

6. 固件升级

哈勃一号具备本地进行固件升级的功能。通过 Wi-Fi 或网口登录 Web 系统，将固件上传至哈勃一号，实现固件的升级功能。

7. 设备信息管理

哈勃一号能够实时采集网络信号强度、干扰、通信链路时延等网络质量信息及硬件运行状态信息，并实时保存日志，及时收集系统的异常信息，同时能够支持对网络异常情况的检测和网络恢复能力。

哈勃一号在无人机实际应用过程中不断迭代创新。除了哈勃一号（智能版），目前还有哈勃一号（通用版）、哈勃一号（前装版）、哈勃一号（RedCap 版）系列型号，能够更精准地匹配行业应用。其中，哈勃一号（通用版）（见图 5-13）性能均衡，适配通用无人机。哈勃一号（前装版）（见图 5-14）尺寸小、重量轻，重点针对无人机前装融合设计。

图 5-13　哈勃一号（通用版）

图 5-14　哈勃一号（前装版）

RedCap 是 3GPP R17 标准，支持 5G LAN、切片等 5G 原生特性。世界各运营商都将 RedCap 定位为 5G 实现人、机、物互联的重要基础，纷纷入场布局。中国移动率先完成全球最大规模、最全场景、最全产业的 RedCap 现网规模试验，RedCap 端到端产业已全面达到商用水平，实现城区连续覆盖，并率先构建规模最大的 RedCap 商用网络。哈勃一号（RedCap 版）在此背景下应运而生（见图 5-15），它进一步丰富了终端的 5G 关键特性，助力网联无人机应用。

图 5-15　哈勃一号（RedCap 版）

2019 年 12 月，中国移动（成都）产业研究院与成都纵横大鹏无人机科技有限公司通过对型号为 CW-15 的固定复合垂直翼无人机集成 5G 网联无人机系统机载专用智能终端，在四川的北川通航机场展开 5G 网联无人机系统外场飞行测试，分别在距离 5G 基站的不同垂直高度、水平距离进行了无人机的 5G 蜂窝网络网联化的飞行验证测试。实验结果表明，飞控数据传输时延、丢包率、视频传输清晰度均满足常规的无人机飞行作业要求。本次外场飞行测试验证了基于 5G 网联无人机系统机载专用智能终端的 5G 网联无人机系统能够在 300 m 以下 5G 蜂窝网络覆盖范围内的低空进行常规的飞行作业。

同时，针对大疆无人机的特点，5G 网联无人机系统机载专用智能终端与大疆工业无人机进行了深度适配。通过专用的结构件及内置飞控对接协议，2020 年 4 月，中国移动（成都）产业研究院实现了在成都控制千里之外的深圳的大疆无人机（见图 5-16），并实现了在较为复杂的城市网络环境下的警务、交通执法，大大降低了执法人力成本。

图 5-16　搭载哈勃一号的大疆 M300 无人机

2020 年 10 月，中国移动（成都）产业研究院与深圳一电航空技术有限公司深度合作研发完成了型号为 X70 的四旋翼无人机。该方案通过无人机前装 5G 网联无人机系统机载专用智能终端进行系统设计，终端内置到无人机机舱内部，实现了 4K 超清视频数据实时回传和超视距的远程控制功能。

截至 2023 年底，哈勃一号系列 5G 网联无人机系统机载专用智能终端已与大疆、纵横、一电、普宙等数十种型号的无人机完成适配，落地了智慧城市、交通管理、公安警务、消防救援、设施巡检、森林防火、应急保障、物流运输、文化旅游、农林植保、工业能源等行业应用。随着 5G 网联无人机系统的日趋成熟及市场规模的扩大，越来越多的无人机厂商正在加入 5G 网联无人机系统机载专用智能终端开发应用的队伍中。

第 6 章

5G 网联无人机
系统在城市管
理中的应用

随着城市化进程的加快，城市的功能和地位不断提升，对社会发展起着举足轻重的作用，为社会稳定、经济增长、民生改善、国际地位提升做出了巨大的贡献。然而，城市也面临着环境污染、交通堵塞、治安管理、能源紧缺、住房不足等挑战。如何解决城市发展带来的问题，实现可持续发展，是城市规划建设中的重要命题。

　　无人机技术作为城市管理的一种新手段，因具有机动灵活、多任务模式、精准定位、高清取证等优势被广泛应用于城市管理的各项工作中，有效提升了城市管理的效率。然而，随着城市的发展，面积不断扩大，城市管理面临更高的挑战，无人机的应用在具体实践中遇到了发展瓶颈。

6.1　传统无人机在城市管理中面临的挑战

传统无人机的数据链多采用私有链路，随着城市的不断发展，诸多难题也涌现出来。总结起来，主要是以下几大问题。

6.1.1　监管措施不足

无人机的应用发展非常迅速，特别是最近 10 年，不管是无人机数量还是用户类型都快速增长。而国家对于低空空域管理的相关法律法规和监管措施不足，主要由以下两点原因造成。

（1）相关部门众多，权责关系复杂，涉及民航、军方、当地政府等多方，还可能包括其他对空域安全有特殊要求的单位，短期内各方难以就权责关系达成一致。

（2）技术手段缺失。要实现对无人机的监管，至少要能够掌握飞行区域信息、飞行目的、无人机工作状态及用户信息等。但是，目前无人机厂商众多，没有统一的信息上报技术和渠道，导致大部分无人机的信息无法实时反馈。目前的监管大多是采用事前申报审批的方式，监管部门无法掌握实际飞行态势情况，监管措施不足，会导致无人机使用场景受到限制。

6.1.2　通信链路有限

现有的常用无人机系统控制器和飞行平台之间的通信方式主要有以下几种。

（1）基于公用无线频段的私有通信协议：各个厂商通过私有通信协议

进行通信，包括指令上传、态势下传、图传数传等。公用无线频段具有通信距离短、容易受到干扰、带宽有限等缺点，无法开展远距离作业。

（2）卫星通信链路：可以实现远距离的数据传输，理论上可以让无人机的航程超过 1000 千米，一般大型军用无人机均采用卫星通信链路。卫星通信链路具有费用高昂、带宽有限、数据延迟较大、地面站体积庞大等缺点，不利于灵活部署、大量数据回传及大规模部署。

（3）4G 蜂窝网络通信链路：依托 4G 蜂窝网络进行无人机数据传输。该方式能够实现远距离下发飞行任务，是网联无人机的雏形。但是，由于存在网络延时抖动较大、上行带宽有限等缺点，该方式无法实时远程控制无人机，难以支撑大量数据回传。

（4）其他定制化传输方式由于场景和成本限制，无法大规模复制和推广，往往应用在非常狭窄、封闭的行业领域。

从上述情况看，现有通信链路约束会导致无人机作业区域小，制约行业发展及应用场景。

6.1.3　数据处理能力不足

当前的无人机作业分为外业处理和内业处理。外业处理通常是指在现场执行无人机飞行任务，采集数据或执行操作的过程；内业处理通常是指获取数据后在地面使用人力或其他工具进行数据分析后期处理，得到最终结果的过程。

外业处理和内业处理步骤的出现主要由以下几个原因导致。

- 载荷处理能力不足，无法将数据实时处理完成，只反馈最终处理结果，该问题需要通过载荷能力提升完成。

- 数传 / 图传带宽不足，无法将全部数据实时传输到服务器，只能保存在载荷中，待飞行任务结束后处理，该问题需要通过扩大传输带宽解决。
- 后台处理功能不完备，导致没有手段进行完整自动化处理，需要采用人工或人工干预的局部自动化处理完成，该问题需要通过 IT 技术升级解决。
- 数据处理能力不足，导致目前无人机作业处理效率还未达到用户的预期，需要继续提升。

6.1.4　操作技能要求高

现有的操作方式是飞手一对一的单点操作，类似于对汽车的操作，对操作人员的技术、经验、技巧方面有较高的要求。另外，根据我国现有的无人机操作要求，无人机操作人员必须获取相应的无人机驾驶资格。根据飞机型号不同、控制方式不同、飞行距离不同，具有不同的资格要求。个别特殊行业或特殊机种还会有更高的要求。获取无人机驾驶资格，通常需要超过 30 个工作日的连续时间投入，以及万元或以上的资金投入。按照国家要求，一个操作人员只能操作获取操作资格的无人机。

因此，对于无人机使用单位来说，无人机操作人员的专业技能也导致成本高、人员紧缺。

6.2　5G 网联无人机系统在城市管理领域的优势

随着城市化进程的加快，城市管理面临的挑战越来越复杂。5G 技术与无人机技术的结合为城市管理提供了前所未有的机遇。5G 网联无人机系统凭借其高速率、低时延和大连接等优势，不仅提升了城市管理的效率，还为城市的智能化管理开辟了新的途径。

在无人机 5G 网联技术的加持下，智慧城市建设快速升级，深刻改变着城市面貌。由于城市类应用的快速发展所带来的需求，时效性、灵活性、机动性在城市复杂场景下的重要性日益显现，5G 网联无人机系统城市管理场景必然会成为最重要的结合点。首先，从 5G 布局来看，5G 网络尚处于大规模建设阶段，城市作为人口最集中、泛 5G 终端最密集的地方，5G 网络必然会优先在城市完成覆盖。其次，从需求来看，城市管理对无人机有着丰富多样的需求，如警用安防、交通、河道、环保等。最后，从效果来看，城市管理无人机应用对网联有强烈的需求。城市具有电磁环境复杂、高楼林立、人员设施密集、路网丰富等特点，对无人机的飞行提出了较高的要求。传统无人机受限于距离、交通、电磁环境等因素，难以支撑其高效运作。5G 网联无人机系统恰好能规避上述问题，让无人机更高效地飞起来。

本节将深入探讨 5G 网联无人机系统在城市管理领域的多方面优势，从数据传输、远程控制到多机协同作业，全面分析其在城市管理中的独特价值。

6.2.1　高效数据传输与实时反馈

5G 技术的核心优势在于其高速率和低时延，这使数据传输的效率大幅提高。在城市管理中，无人机可以在巡航过程中实时采集高分辨率的图像、视频及各种传感器数据，并通过 5G 网络快速传输到管理中心。传统的无人机数据传输方式通常依赖 Wi-Fi 或 4G 网络，这些方式在传输速度和稳定性上都存在一定的局限性，尤其在数据量大或环境复杂的情况下往往难以实现实时性。而 5G 网络的引入改变了这个局面，使数据传输的速度大幅提升，甚至能够在毫秒级内完成图像和视频的传输。这种实时性为城市管理者提供了及时的信息支持，特别是在应急事件处理、实时监控和城市基础设施维护等方面具有显著的应用价值。

此外，5G 网联无人机系统的实时反馈能力还体现在智能分析和决策支持上。无人机采集的数据可以通过 5G 网络实时传输到云端进行分析处理，生成各类城市管理所需的决策信息。这种实时反馈机制不仅提升了城市管理的反应速度，还能够通过数据的快速迭代和学习不断优化管理策略。例如，在发生自然灾害时，无人机可以迅速飞抵灾区，实时传输现场图像和数据，帮助管理者快速评估灾情并制定相应的救援方案。这种高效的数据传输与实时反馈能力，是 5G 网联无人机系统在城市管理中的核心优势之一。

6.2.2　广泛覆盖与远程控制

5G 网络的广覆盖性极大地丰富了无人机的应用范围。特别是在城市高密度区域，传统的通信方式往往因为建筑物遮挡、信号干扰等问题而影响无人机的稳定飞行。而 5G 技术的超高频段和毫米波技术能够提供更强的信号穿透力和更广的覆盖范围，确保无人机在复杂城市环境中的稳定性和可靠性。因此，城市管理者可以在更大范围内部署无人机进行巡查和监控。尤其在一些传统监控手段无法覆盖的盲区，无人机可以灵活地进行补充，从而实现全方位的城市监控。

远程控制是 5G 网联无人机系统在城市管理中的另一重要优势。得益于 5G 网络的低时延特性，城市管理者可以通过远程操控无人机，实时进行任务指令的下达和调整。这种远程控制能力不仅提高了管理的灵活性，还有效减少了人力资源的投入。例如，在城市交通管理中，管理者可以远程控制无人机对不同路段的交通状况进行实时监控，随时调整交通信号标志，调度交通警力，提高道路的通行效率和安全性。同时，在环保监测、灾害预警等领域，远程控制能力使无人机能够快速响应突发事件，进行高效的现场监测和数据采集。

此外，5G 技术还为无人机的自动化操作提供了技术支持，使无人机在执行一些重复性任务时可以实现全自动化操作。例如，在市区的环境监测任务中，无人机可以预先设置飞行路线和任务，通过 5G 网络的远程指挥系统进行实时监控和调整，从而保证任务能够高效完成。总之，广泛的覆盖与远程控制能力使 5G 网联无人机系统在城市管理中能够发挥更加广泛和深入的作用，为城市的智能化管理提供坚实的技术基础。

6.2.3 多机协同与集群作业

在城市管理任务中，单一无人机的作业能力往往受到空间范围和任务复杂度的限制。5G 网络的高密度连接能力使多台无人机能够在同一时间、同一地点进行协同作业，形成无人机集群，大幅提升作业覆盖范围和任务执行效率。相比传统的单机作业模式，多机协同作业的最大优势在于其能够在更短的时间内完成大规模任务。例如，在城市的灾后救援任务中，多个无人机可以同时对灾区进行高精度的航拍和数据采集，生成详尽的灾区地图，为救援工作提供全面的数据支撑。

5G 网联无人机系统的集群作业模式还具有高度的智能化特性。得益于 5G 网络的低时延和大带宽，集群中的每一台无人机都能够实时共享数据和任务状态，从而实现协同作业的智能化调度。例如，在环境监测任务中，不同的无人机可以分别携带不同类型的传感器，进行多维度的数据采集，这些数据通过 5G 网络实时汇聚并进行综合分析，最终生成更准确和全面的环境评估报告。这种多机协同与集群作业模式为城市管理提供了一种全新的操作范式，不仅提升了任务的执行效率，而且增强了任务执行的智能化、自动化水平。

此外，多机协同作业还能够有效提高任务的冗余性和可靠性。由于多台无人机同时作业，即使某一台无人机出现故障或无法完成任务，其他无人机也可以迅速接管其任务，从而保证整个任务的顺利完成。这种高冗余性在一些关键任务中尤为重要，如城市交通事故现场的快速评估和救援行动的调度等。在这些场景中，集群作业的无人机可以实时分工合作，快速应对复杂的现场环境，为城市管理提供更高的效率和可靠性。

综上所述，5G 网联无人机系统在城市管理领域的优势主要体现在高效数据传输与实时反馈、广泛覆盖与远程控制、多机协同与集群作业 3 个方面。这些优势不仅可以提升城市管理的效率，而且为智慧城市的发展奠定了坚实的基础。未来，随着 5G 技术和无人机技术的持续创新，5G 网联无人机系统在城市管理中的应用前景将更加广阔。

6.3　5G 网联无人机系统的城市管理能力

随着城市管理需求的日益复杂化，5G 网联无人机系统逐渐成为现代城市管理的重要工具。凭借 5G 的高速率、低时延和大连接特点，无人机在城市管理中展现出强大的能力。无论是在城市地理信息采集、交通监控方面，还是在环境监测和灾害预警方面，5G 网联无人机系统都展现了不可替代的作用。本节将详细探讨 5G 网联无人机系统在城市管理中的核心能力，并分析其在实际应用中的效果和潜力。

6.3.1 高精度的城市地理信息采集

城市地理信息的准确性和实效性直接影响到城市管理的各个方面。5G 网联无人机系统凭借其配备的高分辨率摄像头和多种传感器，能够在短时间内完成城市大范围的地理信息采集。这些无人机能够精确捕捉城市中的建筑物、道路、绿地等地理要素，并通过 5G 网络将这些高精度的图像和数据实时传输到城市管理中心，形成城市地理信息数据库。这些数据不仅用于城市规划和基础设施建设，还为日常的城市管理、交通疏导及应对突发事件提供了重要的数据支持。

5G 网联无人机系统的优势不仅在于数据采集的精度，还在于其能够在复杂城市环境中进行高效的动态采集。传统的地理信息采集往往依赖地面测绘设备或卫星遥感技术，这些方式在精度和实时性上都存在局限性。而 5G 网联无人机能够灵活飞行，避开城市中的高楼大厦和密集的电缆，进行精准的低空飞行拍摄。无人机凭借自身灵活性的特点，可以在复杂的城市环境中进行高效的数据采集，生成高精度的三维模型，协助城市管理者更好地理解城市的结构及其变化。

此外，5G 网联无人机系统的数据采集能力还可以与人工智能技术结合，进一步提升城市管理的智能化水平。例如，通过对无人机采集的城市地理信息进行机器学习算法的训练，可以实现城市管理中的自动化识别和分类，如自动识别违章建筑、识别交通拥堵区域等。这些自动化的分析结果通过 5G 网络实时反馈给城市管理者，为其提供更加精确和及时的决策支持。这种结合了高精度采集和智能分析的城市地理信息系统是未来智慧城市发展的重要组成部分。

6.3.2　动态交通监控与管理

城市交通管理是城市管理中最复杂、最关键的环节之一。5G 网联无人机系统在交通监控与管理中的应用，为城市交通的智能化管理提供了新的工具和方法。传统的交通监控系统主要依赖固定的摄像头和地面传感器，虽然在一定程度上能够提供实时的交通信息，但在覆盖范围和灵活性上存在明显的不足。而 5G 网联无人机能够灵活飞行，实时监控城市道路的交通状况，并将数据快速传输到交通管理中心，提供更加全面和实时的交通信息。

5G 网联无人机系统在交通管理中的应用不仅体现在数据采集上，还体现在交通管理策略的实施与优化上。得益于 5G 网络的低时延特性，交通管理者可以实时下达交通调度指令，无人机在接到指令后能够迅速飞抵指定路段，进行实时的交通监控和指挥。尤其在交通事故发生时，无人机可以迅速到达现场，实时传输事故现场画面，协助交通管理者快速做出反应，减少交通拥堵及二次事故的发生。

此外，5G 网联无人机系统还可以与城市的智能交通系统进行深度整合，实现交通管理的智能化和自动化。例如，无人机可以与地面交通信号灯系统联动，根据实时的交通流量数据自动调整交通信号周期，优化路口的通行效率。这种智能化的交通管理方式不仅提升了城市交通的流动性，还有效减少了车辆的等待时间，降低了城市的碳排放。

最后，5G 网联无人机系统还可以为城市交通的长期规划提供重要的数据支持。通过长期的交通监控数据积累，城市管理者可以分析城市交通的运行规律，识别交通瓶颈和高风险路段，为未来的道路扩建和交通政策制定提供科学依据。这种基于大数据分析的交通管理方式是未来城市交通管理的重要发展方向之一。

6.3.3　环境监测与灾害预警

随着城市化进程的进一步推进，城市环境监测及管理变得越来越重要。5G 网联无人机凭借其高度灵活的飞行能力和多样化的传感器配置，能够在城市环境监测中发挥重要作用。无人机可以搭载大气污染传感器、水质监测设备等，通过 5G 网络实时传输环境监测数据，协助城市管理者及时掌握环境的变化情况，并对此做出相应的管理决策。

在大气污染监测方面，传统的地面监测站通常受限于固定的监测点位，无法全面覆盖城市的各个区域。而 5G 网联无人机可以灵活飞行，对城市的不同区域进行巡查，实时采集大气污染物的浓度数据，生成全市范围的空气质量地图。这种动态的环境监测手段不仅提高了监测的覆盖范围，而且增强了数据的实时性，能够帮助城市管理者及时采取应对措施，减少污染源对居民健康的影响。

此外，5G 网联无人机系统在水质监测中也具有显著优势。城市中的河流、湖泊等水体往往分布广泛，传统的水质监测方式需要大量的人力和物力，无人机则可以在短时间内覆盖大面积的水域，实时采集水质数据。通过 5G 网络，水质监测数据可以实时传输到环境管理部门，帮助其及时发现和处理水污染事件，确保城市水资源的安全。

在灾害预警方面，5G 网联无人机系统的快速响应能力和实时数据传输能力，使其在自然灾害发生时能够迅速发挥作用。例如，在洪涝灾害发生前，无人机可以进行预先的地理信息采集，监测河流水位和堤坝状况，及时预警可能发生的险情；在灾害发生后，无人机能够快速飞抵灾区，进行现场的航拍和数据采集，帮助管理者快速评估灾情，为救援行动提供第一手数据支持。这种高效的灾害预警和响应能力是 5G 网联无人机系统在城市管理中的重要应用之一。

总之，5G 网联无人机系统在城市管理中的能力主要体现在高精度的城市地理信息采集、动态交通监控与管理、环境监测与灾害预警 3 个方面。这些能力不仅提升了城市管理的效率及精度，而且为智慧城市的发展提供了强大的技术支撑。随着 5G 技术的不断进步和无人机技术的持续创新，5G 网联无人机系统在城市管理中的应用将越来越广泛，为城市的可持续发展做出重要贡献。

6.4　5G 网联无人机系统在城市管理中的应用案例

5G 网联无人机系统可用于城市管理的方方面面，相比传统无人机具有高速率、广覆盖、高可靠的特点，可提升无人机数据的传输效率，促进无人机多机协同作业。本节针对 5G 网联无人机系统在低空监管、警用安防、交通管理、生态环保、城市规划建设等领域的典型应用案例进行描述。

6.4.1　低空监管

无人机是我国战略性新兴产业之一，近年来不管在技术、产品，还是市场上，都取得了巨大的成绩。随着我国无人机技术进一步成熟，无人机的应用场景越来越丰富。但随着行业的发展，无人机产业暴露的诸多问题也给无人机行业敲响了警钟。安全事故频发、行业配套缺失等情况接连出现，无人机发展急需以监管为主的技术手段，从而突破顽疾障碍。

随着《无人驾驶航空器飞行管理暂行条例》的颁布，我国低空环境开放试点进一步扩大，国家空域监管部门对低空飞行的安全防御与反制也提到了更高的位置，直接关系到低空空域的开放进度及低空经济的走向。包括空军、民航、公安在内的主要管控部门都出台了相应的政策法规，明确要求在逐步开放空域的同时，必须加强低空飞行的监管与反制能力。5G 通感一体技术除了可以保证无人机的通信以外，还可以与现有通信基站资源相结合，实现通信与感知能力的融合，应用于对无人机的监测、识别、定位、跟踪及管理等方面，为低空经济安全、有序发展提供强力的技术支持。随着技术的不断进步和应用的深入，相信未来 5G 通感一体技术在低空监管领域将发挥更大的作用。

1. 低空空域管理

空域管理是无人机安全飞行的前提，无人机在低空空域的飞行活动需要受到有效的管理和监控，以确保其安全、有序和高效地进行。空域管理涉及对无人机飞行活动的规划、协调、监控和服务，是保障无人机安全飞行的重要措施之一。无人机通过哈勃一号终端接入 5G 网络后，中移凌云平台可以实现设备的监视和管理、航线的规划，促进空域的有效利用，从而极大地扩展无人机的应用领域。空域管理功能可确保无人机在规定的空域内飞行，从而避免与其他航空器产生冲突。通过划设特定的飞行空域，并明确无人机的飞行范围、高度和速度等限制条件，可以有效地降低无人机与其他航空器相撞的风险。5G 网络低时延、大带宽的特性，为民用无人机的大规模网联化监控、任务数据的实时传输、任务协同与集群应用提供了技术基础，使基于网联无人机的智慧空管规模化运行有了实现的可能性和长足的发展空间。5G 基站所采用的大规模天线阵列系统可通过电调的方式自动地调节各个天线的相位，满足国家对 500 米以内空域的监管要求，和未来城市复杂环境下无人机 120 米以上的飞行需求。

2. 无人机航线管理

无人机航线管理是飞行监管的重要组成部分。通过记录和分析无人机的航线数据，监管部门可以评估无人机的飞行性能和安全性，及时发现潜在的问题和隐患，并采取相应的监管措施，这有助于无人机行业的健康发展和公共安全。5G 网络的大带宽和低时延特性使无人机能够实时接收和响应航线指令，大大提高了航线管理的精确性和灵活性。利用 5G 网联技术，无人机可以实时获取最新的地理信息、气象数据和空中交通情况，实时规划路径，动态规划最优航线。无人机在飞行过程中通过 5G 网络持续上传其位置、速度、高度等信息，确保中移凌云平台能够实时监控无人机的航线执行情况。当遇到突发情况（如气象变化、空中交通管制等）时，中移凌云平台可以通过 5G 网络迅速向无人机发送新的航线指令，确保无人机能安全、高效地调整航线。另外，无人机通过搭载的哈勃一号实时检测自身的位置和姿态。当检测到无人机偏离预定航线时，中移凌云平台会触发偏航预警。一旦检测到偏航，中移凌云平台可以迅速分析原因并采取相应的应急措施，通过 5G 网络发送新的航线指令、启动自动返航程序等。

3. 非合作目标探测反制

当前，低空无人机的探测技术主要有 3 类：无线电探测、光学探测和声学探测。但是，这些技术在使用上存在近距离盲区、非导体材料的飞机无法探测、无线电"静默"状态的无人机无法探测、易受天气干扰、探测距离有限等问题。使用 5G 基站探测无人机的原理和无源相控阵雷达探测飞机的基本原理相同。通过 5G 基站天线发射无线电波束，电磁波遇到无人机后将沿着各个方向产生反射，其中一部分反射回基站的方向，被基站天线捕获，经过收发转换开关送到接收机，形成回波信号。依托当前基站的资源，只需要占用 10% ~ 20% 的基站资源，基站即可具有探测感知无人机的能力，这样的基站同时具有通信和感知能力。再结合反制设备，一旦基站探测出"黑飞"目标或其他未知目标，中移凌云平台可迅速与对应反制设备联动，针对风险目标进行反制，以确保保障区域的安全。

通感一体化的基站具有以下优势。

- 大范围连续覆盖：利用 5G 基站的海量部署，可以实现大范围的低空探测覆盖，相对于传统探测手段，无需大量建设专用探测设施，因而节省了成本。
- 高精度探测：5G 基站低空探测技术可以准确识别无人机等低空目标的位置、速度、高度等信息，为后续的监管和处置提供有力支持。
- 实时性：5G 网络高速率、低时延的特点，使低空探测系统能够实时获取和处理探测数据。
- 易于部署和维护：可以利用现有的 5G 基站进行部署，无需大量额外投入。

5G 基站低空探测技术为低空无人机等目标的监管提供了新的解决方案，具有大范围连续覆盖、高精度探测、实时性、易于部署和维护及兼容性等优势。随着 5G 技术的不断发展和普及，该技术在低空空域管理领域的应用前景广阔。

6.4.2　警用安防

近年来，世界各国警务部门纷纷认识到无人机的显著优势。随着无人机行业的不断更新迭代，警用无人机产品开始不断涌现，市场增速持续加快，警用无人机的发展已逐渐进入发力阶段。传统的警务工作经常会受到地理、信息等多种因素的制约，无人机作为服务警务工作需要的公安专业特种装备，具备突出优势。警用无人机在刑事抓捕、巡逻侦察、大型活动安保及社会救援等领域发挥了巨大的作用，成为维护社会稳定的重要力量。随着 5G 网联技术、人工智能、云计算、大数据等先进技术的发展，警用无人机的智能化程度会越来越高。5G 网联技术能从解决一线警务人员的实际需求出发，自主完成各项作业任务，更好地解决实际应用场景中环境复杂、人工操作局限大的问题。

1. 常态化治安巡逻侦察

常态化治安巡逻侦察是公安系统最主要的工作之一，目前主要采用人巡、车巡的方式，存在效率低、人力物力成本高的问题。部分地区开始将无人机引入日常巡检工作中，但由于传统无人机的"C2 链路"的局限性，存在操控难、数据时效性差等问题。5G 网联无人机系统既保留了传统无人机的优点，同时也解决了传统无人机面临的问题，更大程度地解放了警力。

以重点区域常态化治安巡逻为例，中移凌云平台可根据巡检任务的要求设定飞行航线、航点动作、作业时间等，自动触发巡检任务；无人机到达预定航点后执行对应的动作，如转动云台、拍照、录像等；执法人员可在指挥大厅获取实时高清巡检影像，根据巡检结果决策是否需要警力到现场处理。同时，5G 网联无人机系统采用 5G 网络作为"C2 链路"，理论上不存在飞行死角，很大程度上解决了传统无人机飞行范围小、受城市复杂电磁环境干扰等问题。

2. 快速出警及指挥调度

在接出警及案件处理过程中，最核心的需求是快速到达现场及前后协同。在快速出警方面，5G 网联无人机系统可与接出警平台进行对接，接出警平台在接到警情后可第一时间调度距离案发地点最近的无人机第一时间到达案件现场，获取第一手案情信息，有助于对后续警情处置做出前置判断，有效解决了传统接出警面临的出警慢、出警难的问题。在前后协同方面，传统无人机的最大问题就在于前后方协同，一线人员的信息不能实时回传到指挥中心，造成指挥执行上的脱节，信息的传递和沟通耗时过多。5G 网联无人机系统依托大带宽、低时延的能力，可将高清影像实时回传指挥中心，供指挥者决策。同时，领导也可根据任务需要实时调整镜头的方向、角度、焦距等。在瞬息万变的环境下，5G 网联无人机系统能够为领导提供实时的一手信息，大大地提高了前后方协同的效率。

3. 重大社会活动安保

在大型活动安保中，无人机具备监控范围大、视角灵活多变等特点，可对活动现场人员聚集区域进行监控。在大型活动安保工作中，通常需要多架无人机协同作战。传统的无人机方案在这种情况下可能需要多名飞行人员，同时各人员之间由于信息不同步有可能会造成安全事故。5G 网联无人机系统管理运营云平台可实现多机管理和操控，减少操作警员的同时，也能基于平台的安全策略及冲突预警等功能避免出现飞行安全问题，很大程度上提高了多机协同作业的效率。同时，大型活动现场由于人员众多，一般会面临移动终端信号拥塞的问题，造成手机通信不畅，一方面影响了广大群众的通信，另一方面更严重的是影响了治安民警的通信。5G 网联无人机系统配套系留式无人机，再结合白名单技术（指定号码接入技术），可快速恢复安保现场的公网通信，为治安保障的民警同志提供一个专用的安保专用通信网络。

4. 城市消防救援

高层消防的处置一般具有以下特点：一是火势蔓延快；二是疏散困难，层数多，人员密集；三是技术所限，扑救难度大。5G 网联无人机系统在城市火情监测中具有无可比拟的优势。目前，中移凌云平台已经跟各地消防接出警平台进行打通，一旦有火情，信息会被直接推送至中移凌云平台，中移凌云平台调动最近的无人机以最快的速度飞往现场，解决了消防车由于地面交通等因素不能第一时间达到现场的问题。同时，5G 网联无人机系统可通过附近的 5G 网络将第一手火情信息传送至指挥大厅，指挥人员可根据火情的严重程度做初步的决策判断，第一时间制定救援计划，如疏散方案、人员增派等，为火情救援争取到最初期的黄金时间。基于 5G 网联技术，利用中型多旋翼无人机搭载专业消防灭火设备构建的 5G 网联高层消防应急防控平台，可完成从接警起飞、寻找火点、数据传输、辅助决策、锁定火点、破窗扑灭到救援投送的全流程，解决了目前因路况复杂、高层密集、消防人员和车辆等不能在第一时间进行有效灭火、救援物资投送的难题，为灭火抢救工作赢得关键的先机。

6.4.3　交通管理

交通行业迅速发展的同时也面临大量难题。尤其汽车交通运输，不管是发达国家，还是发展中国家，都存在不同程度的问题。例如，交通拥挤、道路堵塞、交通噪声等问题正被各国政府管理部门重视。《中华人民共和国道路交通安全法》总则第七条：对道路交通安全管理工作，应当加强科学研究，推广、使用先进的管理方法、技术、设备。5G 网联无人机系统在城市交通管理场景中能够发挥自己的特长和优势，帮助交管部门共同解决大中城市的交通管理问题，不仅可以确保城市交通发展规划得到贯彻落实，而且可以实时进行路况监视、交通流调控，确保交通畅通，应对突发交通事件。

通过在城市主要道路部署机库，利用 5G 网联无人机系统搭载双光相机、喊话器、夜视探照灯等多种载荷，以网联无人机空中机动灵活、实时远程控制、实时传输处理的能力提升交通管理效率。平时，无人机存放于自动机库内。当有飞行需求时，无人机自主从机库起飞，完成任务后自动降落于机库内。在自动机库内，无人机可进行自动充电或更换电池，为下一次作业做好准备。中移凌云平台可根据实际情况设置无人机的飞行计划及飞行路线，并提前通过 5G 网络下发给机库及无人机。无人机按照既定的路线自动飞行，并实时将交通情况通过 5G 网络回传至中移凌云平台，从而实现全自动化交通监查管理。

1. 高峰时段流量监控

交通拥堵通常发生在早晚高峰时段内车流量大的主干道。在发生拥堵时，交通管理人员需要全面了解各路段的交通拥堵情况，以便合理安排各路段的交通管理措施，调整各路口的交通灯策略。常规的流量监控手段包括固定摄像头等，存在监控死角、拍摄范围过小等问题，不能真实有效地反映当时的全局交通情况。5G 网联无人机系统可依托中移凌云多机协同、多机监视等功能，通过空中视角直观地将全局的道路交通情况呈现在交通管理人员眼前，辅助交通管理人员指挥决策。同时，中移凌云平台可基于 AI 模型算法，根据不同的道路情况及现有的交通管理措施进行综合分析，得出相应的管理手段，供交通管理人员参考。

2. 交通事故快速处理

在现有的交通体系下，如果发生了交通事故，通常的处理方式是等待交警同志、保险人员到现场定责定损后才能离开，这样往往容易造成拥堵，影响后车通行。在 5G 网联无人机系统下，如果发生交通事故，交警同志可在中移凌云平台触发出警任务，调动最近的无人机飞赴现场，第一时间完成相关的取证及定责。如果是轻微事故，交警同志可通过中移凌云平台控制机载喊话器引导事故车主先行离开，避免产生拥堵。如果发生的是严重事故，交警同志也可通过中移凌云平台通知事故附近的交警同志及相关援救单位到场处理。在这种模式下，事故处理的时效性得到有效提升，同时也可在一定程度上减少出警的频率，起到降本增效的作用。

3. 高空视角违章取证

现有的违章取证手段包括交警现场执勤、固定摄像头抓拍等。交警现场执勤的方式需要配备大量的执勤人员，同时作业的效率不高，容易造成"躲避执法"的情况。固定摄像头抓拍的方式存在监控死角、恶意规避监控等问题。5G 网联无人机系统具备机动性、隐秘性、覆盖范围大的特点，可很好地规避违法人员恶意躲避取证的问题。同时，中移凌云平台与交管系统对接后，可对抓取到的数据进行智能识别，并将识别后的结果发给交管系统，再由交管系统对违法行为进行通知和处罚。5G 网联无人机系统解决方案在违章取证场景可作为现有手段的有效补充，在一定程度上提升了管理效率。

4. 城市物流与配送

传统无人机进行物流运输作业，存在远距离飞行控制难、不精准定位隐患大、局域网链路推广难的痛点。当前，5G 网联无人机系统主要聚焦轻小无人机末端物流产品及解决方案。通过 5G 网联无人机、智能机库终端搭配 5G + 北斗高精度定位系统、集中指挥系统，可实现网联物流无人机超视距控制、态势感知和管理调度，完成网联无人机精准控制和自动放货，提升无人机物流运行的可靠性，并降低人工成本。5G 网联无人机系统物流配送方案可有效解决以下问题。

- 商超定点配送具有配送范围集中、配送时间集中的特点，在人力成本飙升的大环境下有效解决了用工成本高、末端配送难的问题，可让商品更快到达消费者手中。
- 大多数医疗机构都具有"一本部、多分院"的特点，院内各分支机构之间的医疗物资配送的需求存在量大集中、时效性要求高的特点，5G 网联无人机系统在该场景下突破了地面交通的限制，可第一时间将医疗物资送至目的地。

6.4.4 生态环保

随着全球经济的发展，大量对资源的开采利用使人类赖以生存的环境被破坏，能源产业带来的污染与公共健康风险日益突出，给监测部门提出了严峻的考验。随着生态文明体制改革的推进，绿水青山就是金山银山的理念深入人心，绿色发展、低碳发展成为社会共识，大气、水、土壤污染防治行动计划全面推进。

在发生环保事故时，无人机可以克服交通不便等不利因素，快速出现在污染事故所在空域，立体查看污染情况，具有较好的时效性。结合 5G 的高清图传和云平台提供的 AI 识别能力，无人机能有效地实现自动识别污染来源，对于大气污染源与水污染源均有较好的效果。

1. 环保执法取证

目前，环保执法主要存在两个问题。一是取证难。环境污染具有时效性，例如，气体、水体非法排污的问题发生在特定的时间和特定的地点，有可能出现一种情况：检察人员来了，违法行为就停止；检察人员走了，违法行为又开始。二是定量难。靠人工观察的方式难以准确测量具体违法行为的指标，不具备信服力。在全国检察机关开展"电子检务工程"建设，启动"智慧检察 4.0"战略的大背景下，充分利用现有设备，利用人工智能等高科技手段，可以迅速完成空中和地面污染分布的检测和取证工作，经过系统的分析处理，生成证据材料。证据材料包含污染数据、空间关联分布图表，以及检察办案过程的音视频、办案地理位置等数据和资料。5G 网联无人机系统具有隐秘性、机动性、时效性的特点，可快速灵活地到达违法现场，并且具备高空视角测量范围广的特点。同时，中移凌云平台可实现监测检查、接收、存储、处理，全程实时监控、信息保全，实现全流程快速、精准处理，提高检察机关的办案取证效率，也加强了证据公信力。

2. 污染气体检测

目前大气监测手段以地面监测为主，对于烟囱排烟类大气污染物还没有成熟的采样监测手段。当前工厂、矿厂、企业、汽车等排放的有毒气体和排放物不能得到有力的监管和检查。此外，当前检察机关的检查方法单一、效率低，污染源位置的确认依旧需要依赖人工识别。对城市、乡村、厂矿等广大区域和单位进行检查时，检察人员受到时间、空间与地形等条件的制约，不能第一时间得到有效的检查数据。5G 网联无人机系统作为采样设备的载体，时效性强，可以在空中任意位置悬停监测，有效解决了高空污染检测难题。单架无人机每日监测范围最高达到 200 平方千米。无人机通过不同高度的飞行，可实现高空大面积监测，也可实现低空间较小范围精确监测，并可多架次同时对上万平方公里的监测区进行监测。监测结果可实时回传至中移凌云平台，中移凌云平台在短时间内生成高清晰图像数据、多种监测样品及专题数据，具有监测范围广、响应速度快、地形干扰小等优点。此外，无人机可在高危地区开展工作，有效避免了采样人员的安全风险。

3. 重点水域巡查

水域巡查一般包括河流水情调查、水文调查、湿地调查等。传统水域巡查一般会使用人力驾驶车和船进行巡检。但随着科技产品普及化的影响，以及科学技术的不断进步和更新，5G 网联无人机系统正在慢慢改变传统的作业模式。搭载了哈勃一号终端的 5G 网联无人机系统可以对河道的漂浮物等情况进行全方位的拍摄，精准扫描河道盲区，并实时地将高清影像数据回传至中移凌云平台，管理人员可实现在线远程巡检。相比传统的人力巡查，5G 网联无人机系统河道巡查既克服了流域广、地形复杂等诸多因素的限制，又可全方位掌握河域的基本情况。此外，无人机摄制下的影像可保存在中移凌云平台，供随时查阅，方便历史资料对比，通过对比及时发现隐患或测评治理效果。利用 5G 网联无人机系统辅助巡查，也是对传统河道巡查方式的有效补充。

4. 违法监测处置

随着城市化进程的加快，河道流域变化及污染越来越严重，对河道流域水污染情况和违法情况监测提出了更高的要求。在水污染监测的过程中，需要准确辨别污染源、污染类型、扩散速度、影响范围等内容。违法情况监测主要对河湖管理范围内违规打井、挖渠、筑坝、采砂等违法行为进行监测。执法监测的困难主要有以下两点。

- 传统的人巡、船巡效率低下，难以覆盖大范围的流域。前文对这一点有阐述，此处就不再赘述。
- 传统的地面、江面监测手段难以识别并测量记录对应的违法情况。

5G 网联无人机系统执法监测的优势在于数据的实时回传能力及平台的处理能力。无人机在飞行过程中即可将数据实时回传至中移凌云平台，依托平台的 AI 识别和处理能力可准确识别相关的违法行为，并将违法行业数字化，如污染面积多大等。飞行任务结束后，平台可根据需求生成对应的巡检报告，记录违法信息，如违法时间、违法地点、具体违法内容等，以方便执法人员依法对相关违法行为进行处理。

5. 生态灾害监测

生态灾害监测主要包括防灾部署（即水利工程、规划蓄洪区等）和灾后监测（即洪涝区面积检测、防洪设备损坏监测等）。在发生洪水险情的情况下，5G 网联无人机系统可克服交通不便等不利因素，及时到达出险空域，监测险情发展。在灾情监测的场景中，5G 网联无人机系统的最大优势在于两个方面。第一，时效性强。5G 网联无人机系统可实时传递现场影像数据等信息，为抢险指挥决策提供实时信息。相比传统无人机存储卡复制数据以事后查看的方式，5G 网联无人机系统在时效性方面有着质的飞跃。第二，联动性强。指挥决策者可根据灾情的发展态势或救援部署安排，远程控制无人机姿态或云台参数，从而保证能够始终关注最重要的画面，避免前后方因信息传递不畅带来的负面影响。

6.4.5　城市规划建设

随着我国经济的不断发展，城市化进程不断加快，城市规划面临着越来越多的挑战和机遇。5G 网联无人机系统作为一种先进的技术工具，在城市规划建设方面具有以下优势。

- 高效的数据采集：传统的城市规划和建设数据采集通常需要大量的人力、物力和时间投入，而无人机可以通过搭载的相机、激光雷达等设备，快速地获取大面积的地形及植被等数据。这不仅可以大幅度提高测绘效率，而且可以为城市规划提供准确的数据支持。
- 高精度的数据获取：无人机搭载的测绘设备可以实时获取高清影像和精确的空间坐标信息，数据精度远高于传统测绘手段，误差更小。
- 实时数据监测：5G 网联无人机系统可以实时监测城市建设和规划

过程中的问题，及时发现并解决，提高城市建设的质量和效率。

- 降低成本：无人机测绘可以降低人力、物力和时间成本，提高测绘效率，从而降低城市规划建设的总体成本。

1. 高层违建查处

当前，城市顶楼违建查处主要依靠群众举报、人工查处，查处手段从效率及成本上都存在可优化的空间，主要表现为数据采集成本过高、违法查处周期过长、数据时效性及准确性差、违建识别难度大。

5G 网联无人机系统应用于城市违建查处具有得天独厚的优势，主要表现在以下几方面。

- 降低数据采集成本。利用无人机具有的机动灵活特点，从空中采集数据，一方面可以减少上门采集所产生的纠纷，另一方面也可减少执法人员的配置。
- 缩短违法查处的周期。一个完整的执法周期可从数月缩短到数天内，让违建查处可成为一个常态化、周期性的例行工作。
- 数据准确性高和时效性强。无人机空中采集的数据通过中移凌云平台记录和存储，避免人为登记所造成的误差。另外，基于蜂窝网络的实时采集和实时回传，避免了违法人员的干扰及抵赖行为。
- 违建识别效率高。基于中移凌云平台大数据分析能力的违建识别，相比传统人工方式识别，具有准确性高、识别速度快等优点。

2. 违法用地查处

违法用地的问题成为城市管理者的一大难题，尽管很多城市成立了专门的土地执法部门进行监察，但传统的人工巡查受限于人力资源，存在工作效率低等问题。而随着城市化进程的加快，传统的人工手段会越来越捉襟见肘，利用信息化手段使土地执法监察工作规范化、程序化，成为现代数字城市建设的必然趋势。5G 网联无人机通过搭载正射相机、倾斜相机、光电吊舱、激光雷达等设备，可快速获取地形表面的三维模型和影像，执行高精度测绘和巡检任务，可为测绘单位节省大量时间和资金成本。具体应用到违法用地的监察上，即可以通过搭载倾斜相机拍摄监察区域实时获得影像数据，通过与前期数据进行比对，发现疑似违法用地的行为，及时掌握土地变化形态。另外，通过 5G 网联无人机拍摄查处违法用地，可通过中移凌云平台精准计算违建面积。违法用地面积也大小不一，从几平方米到几十平方米，以往查处违法用地一般都是知道哪里有违法用地，以及大概的面积，如果对方不配合执法，执法人员无法入室进行现场勘查、制作笔录，拆违工作就无法展开。通过平台进行数据的测量和记录，极大提高了违法用地查处效率。

3. 地形测量和地貌分析

5G 网联无人机系统在地形测量和地貌分析方面有着广泛的应用，其结合了 5G 大带宽数据传输能力和无人机的机动灵活的特点，使地形测量及地貌分析更加精确和高效。在地形测量方面，5G 网联无人机系统可以利用搭载的传感器和摄像头，从空中获取高分辨率的地面影像数据。通过结合高精度的定位系统，无人机可以准确获取地形的三维坐标信息。这些数据可用于制作高精度的数字高程模型和数字地形模型，为城市规划建设提供重要的地貌信息。在地貌分析方面，5G 网联无人机系统可以通过搭载的超远距离激光扫描仪等设备，获取地表的详细形态和纹理信息。通过处理和分析这些数据，可提取出相关地形的坡度、坡向、流域分析、地表粗糙度等参数。这些参数对于地貌学研究、环境评估、灾害预警等方面具有重要的应用价值。此外，5G 网联无人机系统的实时性和带宽传输能力使地貌分析更加及时和动态，可以及时发现地貌变化等问题，为相关部门提供及时的决策依据。

6.5　5G 网联无人机系统在城市管理中的发展演进

1. 初步应用

5G 网联无人机系统在城市管理中的初步应用主要集中在巡逻、监控和数据采集等基础功能上。在这个阶段，城市管理者通过引入无人机初步探索其在城市管理中的潜力，并进行小规模的应用试点。这个阶段的重点是验证无人机在实际应用中的效果，优化其技术性能，以确保其能够在复杂的城市环境中稳定运行。

2. 辅助分析决策

随着 5G 技术的逐步成熟，5G 网联无人机系统的应用范围开始逐步扩大。在技术成熟阶段，无人机不仅在巡逻监控方面表现出色，还开始承担更多复杂的城市管理任务，如基础设施检查、环境监测、应急响应等。得益于 5G 网络的支持，城市管理者可以实时掌握无人机采集的数据，并进行智能分析和决策。这个阶段标志着无人机在城市管理中的应用进入了新的高度，成为城市管理的重要工具。

3. 深度融合

在全面普及阶段，5G 网联无人机系统已经成为城市管理的标准配置，其应用覆盖了城市管理的各个方面。无人机与城市管理系统深度融合，通过 5G 网络实现了无人机群的协同作业和智能化管理。城市管理者可以通过集中控制平台，统一调度和管理无人机群，实现对城市的全方位管理和监控。无人机的普及不仅提高了城市管理的效率，同时还为智慧城市的建设奠定了坚实的基础。

第 7 章

5G 网联无人机系统在应急场景中的应用

无人机在应急管理工作中发挥着至关重要的作用。它们能够迅速进入灾害现场，进行高空侦察，为应急指挥人员提供实时、准确的灾情信息，有助于快速制定救援方案。此外，无人机还可以搭载救援物资，如食品、药品等，直接空投至被困人员所在地，提高救援效率。在森林火灾等灾害中，无人机还能进行空中监测和火情评估，辅助消防人员进行灭火作业。总之，无人机以其灵活高效的特点，为应急管理工作提供了有力支持，有效保障了人民群众的生命财产安全。但是，传统无人机在应急场景使用过程中确实还存在诸多问题，导致其作用还不能得到全面发挥。

7.1　传统网联无人机在应急场景应用中面临的挑战

7.1.1　应急领域挑战艰巨

根据第十三届全国人民代表大会第一次会议通过的国务院机构改革方案，中华人民共和国应急管理部于 2018 年 3 月成立，成为国务院的组成部门，接替了先前的国家安全生产监督管理总局。

我国的应急管理体系建设始于 2003 年抗击"非典"时期。该疫情揭示了旧有应急体系的不足，包括其分散和反应迟缓的特点。因此，2006 年国务院办公厅成立了国务院应急管理办公室，主要负责 3 项基本任务：应急值班、信息收集和综合协调。

长期以来，我国采取的是"单一灾害"应对体系，各专业机构分别负责不同灾害和紧急事件的管理。例如，自然灾害救援由民政部门承担，火灾由消防部门处理，工矿企业事故由安全监管部门负责，公共卫生事件则由卫生部门应对。多年来，应急管理以"一案三制"为重心，涵盖了应急预案、体制、机制和法制，取得了明显的成效。但应急管理体制的构建依旧是提升应急管理能力的主要障碍之一。应急管理办公室的权力与责任不相称，资源分配不均衡，这在实际操作中造成了同级间协调的难题或下级对上级协调的限制，使其在领导应对紧急事件时仅能扮演辅助角色。

应急管理事件大致可划分为 4 种类别：自然灾难、意外事故、医疗救援和社会安全问题。在现代社会，特别是城镇化进程中，这些灾害的界限往往变得模糊。例如，地震通常被视为自然灾害，但其影响可能涉及房屋倒塌、设备损坏及水坝崩溃等，这些又会牵涉医疗救助。因此，在实际的应急处理中，常常出现多种类型事件交织的情况。应急救援过程中，时间是至关重要的，尤其在救援的黄金 72 小时内需尽可能多地拯救生命。如果严格按照部门职能进行管理分工，可能会导致部门之间的分割，降低救援效率，影响整体进度。

从资源分配的视角分析，面对重大灾难，通常需要众多不同种类的资源援助，不仅涵盖了紧急备用资源，还包括了大规模的人力、物资、资金和技术援助。这些资源的调配往往需要集中全国的力量，甚至在某些情况下还需要国际援助。相比之下，应急管理部在应急资源的储备、调度及各方力量共享方面具有更大的整合能力。因此，成立应急管理部可以更有效地预防和解决重大安全问题，完善公共安全体系，促进形成统一领导、专业与常规相结合、快速反应、层级互动、平时与战时相结合的中国特色应急管理体系，进而增强防灾减灾救灾的能力，确保人民的生命和财产安全及社会的稳定，发挥更强大的国家职能作用。

建设和持续提升应急处置能力水平是各级应急管理部门的核心工作。应急处置能力水平的提升需要从人员技能、组织管理、工具设备等多方面联合开展。应急场景中所用到的工具设备包括并不限于应用于应急管理与救援所需要的工具、器材、服装、检测及处置技术力量等，被统称为应急装备。我国的应急装备设计制造能力随着应急处理能力建设已经蓬勃发展，针对不同应用场景、不同使用人员的应急装备层出不穷。

7.1.2 应急装备发展欠缺

我国应急装备行业的现状及前景表现出一定的挑战性和机遇性。当前，应急装备行业的市场主导性不足，产业集中度较低，尚未涌现出具有领导力的龙头企业。市场需求波动较大，需求主体不明确，导致供需关系不匹配。同时，行业标准体系尚未完善，相关产品标准分散于各个行业之中。此外，应急装备行业的自主创新能力较薄弱，现有的科研平台难以支持产业基础理论研究、核心技术突破和关键装备研发，企业的技术储备也明显不足。多数企业仅在单一领域发展，在提供应急救援综合解决方案方面的能力有限，难以有效应对新形势下的各类突发事件。

近年来，随着国家政策的支持和产业发展的加速，我国应急装备行业逐步进入快车道。许多地方投入资源发展应急产业，所涉及的领域涵盖到了应急装备制造、检测与预警、应急救援与处置技术研发、应急抢险服务等多方面。随着相关配套技术的不断完善，产业规模的不断扩展，应急产业已逐渐形成较为成熟的技术链和产业链，诸多关键共性技术已实现产业化。目前，应急装备行业不仅能够满足社会各界对应急产品和服务日益增长的需求，提升应对突发事件的救援能力和全社会的抗风险能力，而且有助于优化产业结构，推动相关行业的自主创新与技术进步。

应急装备作为大型行业产品或解决方案的一个品类，其发展与国家政策引导和行业发展水平密切相关。随着应急装备产业的逐步形成与壮大，其典型要求和特点也逐渐显现。

应急装备用于预防、处置危害国家人民生产生活安全的突发事件，并用于在处置后评估和修复。我国国土和领海幅员辽阔，而应急事件通常具有突发性、不可预知性，应急处置的时效性要求现场一手信息能够快速反馈到处置人员手中，因此需要实现情报快速搜集、物资快速投递、人员快速到达，对于应急装备也是同样的要求。在各式各样的装备中，无人机受到地面环境影响较小，具备典型的快速机动能力，能够胜任包括地震、洪涝、森林火灾在内的诸多应急救援场景，是重要的应急装备品类。

国家发展改革委、科技部、财政部、应急管理部与工业和信息化部于

2023 年共同发布了《安全应急装备重点领域发展行动计划（2023—2025
年）》。该计划列举了"重点研发攻关装备""重点推广应用装备""重点安
全应急装备产业链"三大建设专栏，共计 19 条规划，其中 7 次提到无人机，
印证了无人机发展建设在应急装备发展中的重要性。

7.2　5G 网联无人机系统在应急处置领域的优势

为适应紧急救援、森林火灾预防、环境监察及科学实验等领域对无人
驾驶飞行器系统的需求，《民用无人驾驶航空器无线电管理暂行办法》明
确指出，通过直连通信方式实现遥控、遥测和信息传输功能的民用无人
驾驶航空器通信系统无线电台应当使用下列全部或部分频率：1430 ～
1444 MHz、2400 ～ 2476 MHz、5725 ～ 5829 MHz。而直连通信方式正是传
统无人机普遍采用的通信方式。

随着无人机在应急救援领域应用的不断深入，传统无人机在应急场景
下的缺点和劣势也逐渐暴露出来。而应用 5G 网联无人机系统能够解决其中
的几个关键问题。

7.2.1　提升通信链路可靠性

应急处置现场通常会聚集各种类型的应急设备。例如，在 2019 年四川
木里森林火灾救援工程中，指挥部现场外聚集了 4 家厂商、超过 10 架不同
类型的无人机装备，同时还聚集了包括地面卫星装备、单兵通信系统等大
量无线电设备。众多无人机同时开机之后，无法实现无人机与遥控器的正
常通信。原因在于所有现场的无人机采用直连通信方式，用无人机公用频

段作为控制和数据通信链路，不同厂商使用不同的数据协议占用频段资源引发同频干扰。最终，为了确保设备可用并保障飞行安全，在现场指挥人员的协调下，不同设备控制人员划分区域并开展分时操作，才避免了设备之间的冲突。但是，在这种情况下，无人机的使用效率和使用效果都受到了一定程度的影响。各厂商使用私有协议共用未被统一管理的共享频谱资源，影响了通信链路的可靠性，导致一定区域的无人机无法协同作业，并且极大增加了应急处置现场调度指挥的难度，使无人机在应急处置现场的使用受到极大限制。

5G 网联无人机系统将无人机通过 5G 移动通信网络接入互联网中，解决了作业现场各种无人机独占无线信道资源导致的通信断链问题，并且使用运营商统一管理维护的网络，通过 IP 地址进行访问，能够同时容纳更多的无人机设备。而且，通过电信级网络为无人机提供通信保障，确保了应急处置现场的无人机通信链路可靠性。解决了链路可靠性问题，能够让一线应急处置工作人员有更大的信心在复杂环境中放心使用无人机。

由于传统无人机通常采用一架无人机配套一架地面站的方式进行控制，无人机的飞行距离通常会受到很大的限制。通信方式影响飞行距离的因素主要来自不同频段本身的通信覆盖能力、飞机与地面站信号发生功率、周围的地形或电磁环境，以及地球曲率对飞行高度和距离的要求等。虽然可以通过选取更好的地面位置、增加中继站等措施进行改善，但是在应急处置这种时间紧迫的复杂环境下，这些改善措施很难得以实施。

7.2.2　增强情报数据有效性

应急处置过程中，现场情报的搜集和反馈是非常关键的活动。我们希望现场情报尽可能满足信息数据量大、信息来源多、实时性强的要求。对于视频来说，信息数据量大，意味着提供更加清晰的照片，能够发现更加丰富的细节；信息来源多，则能够通过多角度、多维度对同一目标事物进行描述，在复杂的应急处置现场通常可能会有多角度视频回传、红外监控、各类传感器等多路不同侦察手段同时开展工作；实时性强，则能够快速反馈现场信息，并且精准掌握现场的变化情况，特别是在需要将数据分发给其他系统进行协同工作时，数据的实时性显得尤为重要。

无人机作为一种优秀的载体，能够搭载摄像头、传感器等多种类型的信息采集载荷，不受地面交通影响，快速到达现场开展情报搜集，是一种有效的侦察工具。但是，受制于传统无人机的作业方式，其在情报搜集和反馈上仍然存在诸多弱点。传统无人机由于通信频谱资源影响，通常图传带宽被约束在 5 Mbps 以内，无法传输更大尺寸的照片和视频。以实时视频传输为例，大部分传统无人机的实时图传是 720P 的视频信号，部分厂商在特定频段实现了 1080P 视频信号实时回传，但是 4K 或更高清晰度的视频无法传输，无法提供更丰富的细节信息。

传统无人机由于直连通信链路的同频干扰问题，在同一作业区域无法实现多机协同作业，因此很难对同一目标物体开展多角度、多维度同步观测。数据的多维性无法得到满足，单一视角描述的情报就存在很大的局限性。

实时性问题是传统无人机面对的另一个重要问题。传统无人机的高清视频或照片需要飞机降落后通过拷贝的方式获取并通过网络上传，后端指挥人员获取的已经是过时数据。数据的滞后会影响对灾情的判断和现场指挥调度。

上述几个因素导致传统无人机采集的情报数据有效性仍然存在一定的

改进空间，后端应急指挥作战人员在运用无人机搜集的情报数据时仍然需要进行很多取舍和判断。

5G 网络具有大带宽、低时延、广连接的基础特性，已经得到了各行业的普遍认同。从情报搜集的角度来看，大带宽意味着能够传输更加高清的图像。以可见光摄像机为例，传统无人机最大支持 1080P 视频实时回传，每一帧图像一般约为 200 万像素；而使用 5G 网联无人机系统在 5G 网络下可实时回传 4K 或 8K 视频，4K 视频的图像约为 1200 万像素，8K 视频甚至可达到 4800 万像素。这意味着采用 8K 传输的视频采用了 20 倍以上的数据对现场进行描述，提供了 20 倍以上信息细节；5G 网络的大连接特性使在网络中能够容纳更多的应急装备；5G 网络的低时延特性使前方情报的回传能够更加及时，延时和抖动更小，意味着同样通过 5G 网络连接和传输数据的各类应急装备回传的数据同步性更好，能够更加精确地使用多个维度的监控数据反馈一线情况。

因此，使用 5G 网联无人机技术搜集情报，增加了情报信息量，扩大了情报观测维度，提升了情报实时性，从而提升情报数据有效性，能够为快速科学地决策提供有力的情报数据支撑。

7.2.3　解决现场调度难问题

在应急处置作业现场，传统无人机的操作方式通常是每台无人机配置一台地面站，一人操作一台；传统无人机的调度方式通常是指挥人员通过电话或对讲机进行指挥调度，无人机操作人员之间也通过电话或对讲机进行沟通协调，无人机回传视频画面通过地面站视频截图后手机发送或人员口述汇总到指挥人员手中。在这样的指挥和调度模式下，指挥人员对于无人机操作人员的位置、无人机在空中的飞行情况都无法精确掌握，也无法确认无人机在指挥命令发布后是否准确执行命令，飞手对于指令的主观理解差异可能导致命令执行变形。这可能导致无人机飞手之间的协调出现问题，飞行航向发生冲突，轻则影响飞行作业效果，重则可能发生碰撞坠机等安全事故。

5G 网联无人机系统的业务核心是无人机飞行管控平台，所有无人机都接入无人机飞行管控平台，通过平台进行统一指挥调度。指挥人员和现场人员可以通过平台实时掌握现场所有无人机的飞行轨迹，能够获取无人机传输的实时情报信息并进行处理，从而提升情报分析效率，为应急处置赢得宝贵的时间。指挥人员可以通过平台对各个无人机的作业进行实时调整，无人机操作人员能够通过平台掌握附近其他无人机的飞行情况，及时调整自己的航线，避免发生无人机碰撞等飞行事故。该平台还能及时发布作业区域内的气象信息，为安全飞行提供保障。

7.3 5G 网联无人机系统的应急通信能力

无人机在应急处置领域有丰富的应用场景。5G 网联无人机系统借助"5G 网络 + 云计算 +AI 能力"，构建应急通信保障、应急侦察测绘、应急救援处置、应急物资投送能力，通过能力组合可用于多种应急处置场景。

7.3.1 无人机应急通信保障系统框架

应急处置工作的第一要务是获取现场的实时情报，其基础是确保通信畅通，现场语音和数字信息能够快速传递到后方。该功能可由无人机应急通信保障系统完成，它能够确保在发生通信中断的区域实现快速通信恢复或加强。

根据通信受损或中断的程度不同，我们分析应急通信的场景可以发现，最恶劣的是同时交通中断、电力中断和通信中断的"三断"场景。在这种场景中，信息不能传出，人员及物资无法进入，通信恢复难度和成本最高。中国移动空天地一体化应急通信保障系统（见图 7-1）是一个具有高度环境适应性的无人机应急通信保障系统，能够满足"三断"场景的应急通信保障需求，并且能够低成本满足其他场景需求。该系统可搭载于大型固定翼无人机、中型无人机、直升机、系留无人机等多类型飞行平台，构建以"高空、中空、低空、地面"四位一体的多维度应急通信保障体系，实现在各类环境条件下的立体应急通信保障。

该系统具备多项核心创新技术。一是在业界首次提出空对地无线网络连续覆盖算法，突破空对地信号连续覆盖关键技术，实现了无人机在快速移动中对指定区域空对地连续信号覆盖（已获得国家发明专利授权和日本专利授权，目前正在申请欧盟、美国专利）。二是创新性地提出高空无线信道传播模型，实现空对地持续、稳定、无干扰的信号传播，基于此主持完成并发布 IEEE 无人机低空组网与通信标准的国际标准。三是依托多普勒频偏补偿算法，克服机载空天基站高速移动带来的多普勒频移，实现无人机高速移动下的机载通信和卫通数据链路的稳定运行。四是研发业内首款航空器专用空天基站"中移应龙"，为无人机、有人机等航空器进行电源适配及业务接口优化设计；针对高空航空振动、低温及淋雨等工作环境进行专业强化；轻量一体化设计，支持垂起固定翼无人机、系留无人机、无人直升机及有人机等多类型飞行平台。

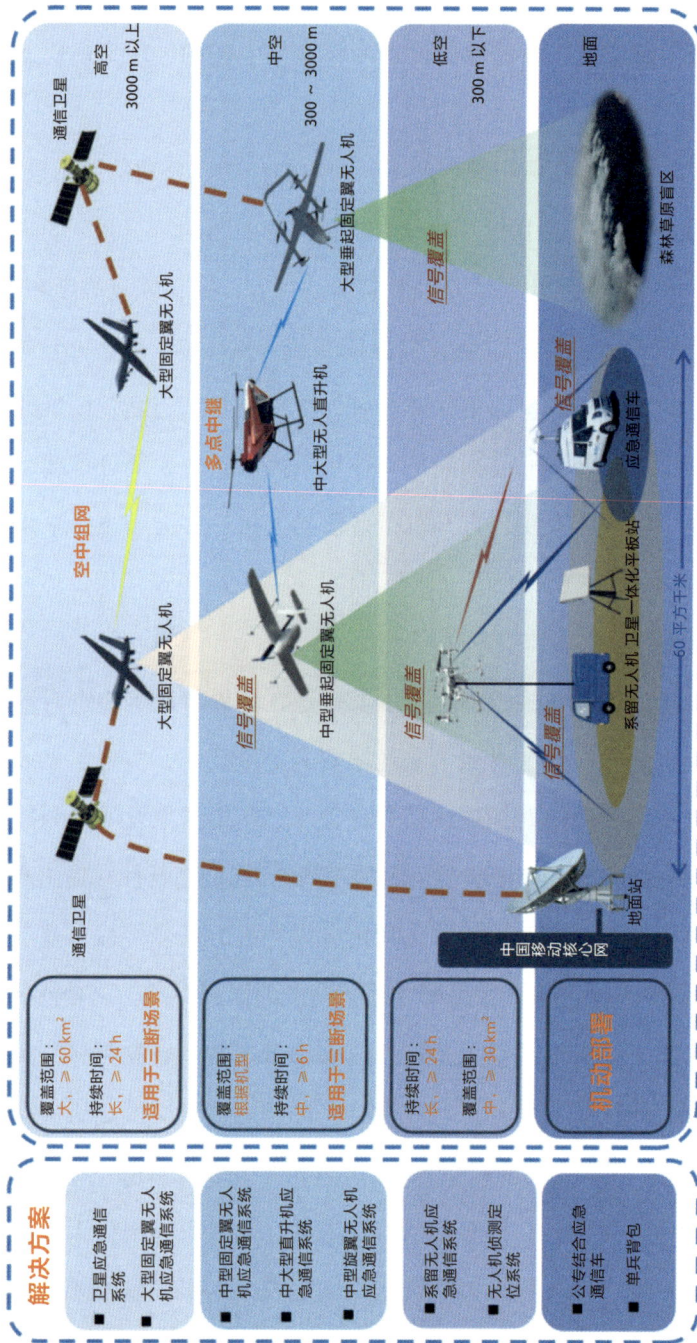

图 7-1　中国移动空天地一体化应急通信系统示意图

该系统依托核心创新技术，根据任务需求及机型选择可实现空对地连续覆盖面积最大超过 60 平方千米，最多支持 300 个救援人员同时通话。该成果填补了我国应急通信领域的能力空白，助力国家全面提升不同地形条件及灾害场景的应急通信保障能力，实现应急救援能力现代化发展。

7.3.2　高空域大型无人机平台

地震、洪水、泥石流、冰雪等自然灾害发生时，在地面受到阻断的情况下，传统应急通信手段如应急通信车和系留式无人机无法迅速到达受灾地区，造成大面积通信中断，如何快速全面掌握灾害现场是应急救援的主要痛点之一。同时，灾区现场地形险峻，灾区外救援人员不易快速携带通信设备到达现场，通信中断难以修复。因通信中断，灾区人员无法及时将受灾情况及次生灾害分布情况告知救援人员，极大影响了救援的时效性。

现有相关的解决方案都存在相对的弊端。应急通信车受交通、道路的影响极大，无法及时到达灾区，时效性低；卫星通信终端普及低、信号差、延时长、自费高；系留式无人机低空站无法运输部署、需要供电、航时短、覆盖范围小。

使用大型固定翼无人机搭载航空器专用空天基站"中移应龙"在指定目标区域盘旋，基站对地无线信号覆盖，通过卫通系统回传业务到卫星地面站，再通过地面专线连接到移动核心网，同时使用中移凌云平台将无人机的飞行路线、实时高清画面回传后方指挥中心。

具备长时间续航、远距离飞行及低成本飞行特点的大型固定翼无人机，显著增强了抢险救灾的应急响应速度和作用范围，为紧急情况下的通信指挥提供了坚实的通信支持。相对于传统的应急通信手段，大型无人机平台在任何时间、任何地点都能提供全天候的通信保障，展现出更高的效率、更持久的续航、更远的传输距离、更广泛的覆盖范围及更大的承载能力。目前，该平台已在四川自贡、宁夏固原、贵州安顺和四川木里完成应急通信测试演练，可实现超过 60 平方千米的连续稳定覆盖，保障了实时调度和高效指挥。同时，该平台可以通过应急救援力量优先接入方案保障救援人员的视频通话畅通。

该应急通信方案选择的飞行平台具有飞行高度高、续航距离远、工作时间长的特点，通信覆盖的方式是从空中向地面进行覆盖，因此信号覆盖受到地形、地貌的影响相对比较小，能够满足我国绝大部分区域的应急通信保障需求。该应急通信方案适合高原、山地、峡谷地貌和偏远地区，能够提供长时间"三断"场景下的应急通信保障。特别是对于四川西部高原、青藏高原、新疆等区域或海上应急环境，基于高空域大型无人机平台的应急通信保障系统是最适合的选择。

7.3.3 中空域中型无人机平台

与大型固定翼应急通信保障技术的实现方式类似，中型无人机可以携带专用基站在较低空域飞行。该方案采用的机型通常体型较小，运输方便，仅需要很短的跑道或支持垂直起降，对场地和操作人员的要求均比较低。

中型无人机受载重和续航能力的影响，飞行高度低于大型固定翼无人机，单站典型连续稳定覆盖面积超过 30 平方千米。由于中型无人机运输方便，操作简单且成本较低，因此也可以多架中型无人机采用无线 Mesh 自组网技术实行中继互联，通过中移凌云平台进行统一管理，提供更大区域的通信保障。基于中空域中型无人机平台的应急通信保障系统具有成本低、组网灵活、场地限制小的特点，工作空域一般在 3000 米以下，因此基本能够满足我国西部高原、高山之外的绝大多数应用场景。

7.3.4　低空域系留无人机平台

系留无人机应急通信保障解决方案由系留无人机系统、通信基站设备、自组网设备及中移凌云平台组成。其中，系留无人机系统由无人机平台、系留线缆、起降平台组成，通信基站设备主要包括基带处理单元（Building Baseband Unit，BBU）和有源天线处理单元（Active Antenna Unit，AAU）等，自组网设备包括无线 Mesh 自组网设备。整套系统由工业用电或发电机进行供电。在电力供应正常的情况下，系统的无人机平台能够 24 小时不间断在空中进行工作。通信基站设备通过定制设计的挂件挂载到无人机平台上，无人机平台为通信基站设备提供供电电源和光纤回传链路。通信基站设备通过系留无人机系统内置的光纤链路与地面的 BBU 进行连接，随后通过挂载 Mesh 自组网的无人机接力回传接入移动核心网，进而实现该站的信号覆盖。单架系留式无人机在典型工作高度飞行悬停的情况下，可以提供超过 30 平方千米的稳定连续网络覆盖，自组网回传两架无人机跳点间距最大可为 10 千米。如果设置 4 个跳点，最远传输距离可达 50 千米。

系留无人机应急通信自组网回传解决方案，利用多个系留无人机搭载无线通信基站与宽带自组网设备，采用 5G 通信技术，以系留无人机为节点建立同频多跳自组网络，提供全天候长续航的应急通信保障方案，与以往的应急通信方式相比，可以灵活自组织成网络，支持链型、星型、混合组网。同时，使用中移凌云平台将无人机的飞行路线、实时高清俯拍画面回传后方指挥中心。该系统能够提供全天候的应急通信保障，相比传统应急通信系统具有更高效率、更长续航、更远距离、更广覆盖和更大载荷等优势，可有效解决灾害发生时地面基础设施严重损毁地区的应急通信问题，以及临时保密通信的问题。

系留无人机体积小，运输方便，可以直接搭载应急通信保障车或用轻型车辆装载运输，可在 300 米以下空域固定悬停飞行作业，特别适合在重大活动或具备基本交通保障能力的应急场景下开展应急通信保障服务。该系统还可用于临时保密通信，地面终端的通话和视频信息通过卫星链路和专线直接接入核心网，不需要经过大量的地面传输设备，最大限度避免了设备被网络攻击和信息被窃取的可能性，可有效降低泄密的风险。

7.4 无人机应急侦察测绘

解决通信基础设施问题之后，关键问题就是如何及时搜集前线情报并反馈给后方。

在地质灾害、洪涝灾害、地震灾害发生后的"三断"情况下，救援面临着三大痛点：一是灾害现场的数据影像获取速度慢，无法快速准确开展灾害现场救援；二是迫切需要安全的技术手段实现现场情况的勘查，传统无人机应急测绘的时效性差，无法实现远程操控。

现有的相关解决方案都存在相对的弊端。直升机测绘需要提前申请空域，成本高昂，响应速度慢；人工测绘存在风险大、效率低、不全面、数据处理慢等劣势；而传统无人机测绘存在无法集中管控、无法远程操控的问题。

融合 5G 网联技术，应急处置工作人员利用无人机搭载专业航测设备，完成遥感数据采集、分析、预处理、空三计算、高程提取、正射影像制作、数据建模、成果输出全流程。利用 5G 网联无人机开展事故灾害巡查，无人机将 1080P 高清视频流实时回传至地面监控设备，监控软件再将视频流以 RTMP 协议通过 5G 网络回传至服务器，实时输出侦查图片和视频、二维快拼全景图、三维模型，为灾情评估提供第一手资料。这样可以更好地辅助应急指挥管理部门进行决策，开展快速科学的救援支撑工作。

应急侦察测绘所采用的 5G 网联无人机通常可搭载多种载荷设备，其中用于测绘任务的主要是光电吊舱。光电吊舱主要由稳定平台、电子部件、传感器（可见光、红外、激光测距）三大部分组成，性能强大，可实现对目标的全天时昼夜侦察、跟踪、定位，可广泛应用于应急救援、森林消防、治安巡逻、反恐维稳、航空测绘等多个领域。

7.5　5G 网联无人机系统应急保障案例

7.5.1　应急通信

1. 河南 7·20 特大洪涝灾害应急通信保障

自 2021 年 7 月 19 日开始，河南省郑州市连续遭受极端强降雨袭击，导致城市中心广泛区域的电力中断和通信基站的大规模故障。其中，巩义市米河镇辖区内 310 国道多处塌方，全镇陷于停电。洪水造成大面积光缆中断，受灾区域一度成为通信孤岛。在应急管理部的统一调度下，中国移动迅速组织应急通信力量展开救援。

7 月 21 日 12 点，大型长航时无人机搭载中国移动空中应急通信系统，从贵州兴隆机场起飞，跨越多省、1200 千米，历经 4.5 小时抵达河南省巩义市，从 18 点 21 分开始在受灾严重的米河镇开展应急通信保障任务。在此次应急响应中，中国移动（成都）产业研究院自主研发的基于翼龙无人机平台的应急通信系统发挥了关键作用，有效突破通信基础设施瘫痪的限制，为灾区提供了空中公网覆盖支持。通信系统累计上网用户 5953 个，单次最大接入用户 648 个，发送短信提醒 2704 条，产生流量 11.4 GB，持续保障通信超过 4 小时，为防汛指挥调度、信息互通、群众自救及他救提供了有力支撑。

为协助灾区群众及时获取通信恢复情况，中国移动还通过短信主动向米河镇居民推送温馨提示，并鼓励居民尽快与外界联系、报告情况、报平安，如图 7-2 所示。这个做法提升了信息透明度与应急响应效率，在危难时刻安抚了民心，也充分展现了运营商的社会责任与技术能力。

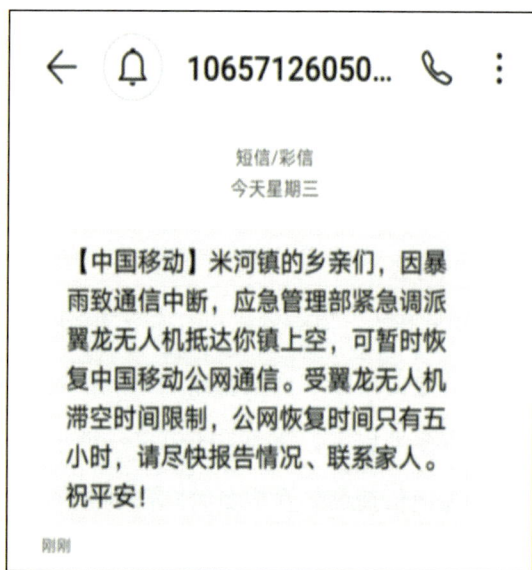

图 7-2 中国移动向米河镇居民推送的短信提示

2. 2023 年抗击"杜苏芮"台风应急通信保障

2023 年 7 月 28 日上午,"杜苏芮"台风以强台风级登陆福建省晋江市沿海,继续北上并持续影响至辽宁省。受其影响,全国多地遭遇强降雨天气,人民群众的生命、财产安全受到威胁,部分地区出现了断电、断网、断路的"三断"情况。

中国移动快速响应,以服务保障国家安全、守住人民通信"生命线"为初心,派遣空天地一体化应急通信机动保障队第一时间奔赴受灾一线,紧跟台风推进路径,辗转福建、河北、山东、辽宁等地,与各省、市移动公司通力协作,展开救援保障工作。

在本次救援保障工作中,中型无人机应急通信系统展现了其显著的技术优势。该系统是在 2021 年河南郑州洪涝灾害中首次亮相的大型固定翼应急通信系统的基础上自主研发的又一项创新成果。其采用中型无人机,如纵列式双旋翼无人直升机或卫星通信垂直起降固定翼无人机,搭载中国移动应龙航空专用应急通信基站,在指定目标区域的上空盘旋飞行。通过应用空中信道传播模型和空对地连续覆盖算法,该系统能够实现对地面的连续无线信号覆盖。利用小型化的机载卫星通信设备,业务数据能够回传至中国移动的核心网络,从而实现目标区域的公网覆盖。

该系统能够实现超过 30 平方千米的有效连续信号覆盖,支持多达 200 个激活态的数据业务用户并发,提供稳定的通信服务。广泛的适应性使其在地震、洪涝、森林火灾、海上救援等多种场景中,均能有效保障立体应急通信需求。

在历时 15 个昼夜、奔驰 8000 多千米以后,保障队伍累计为福建、河北、北京等地受灾区域接通用户 2586 个,产生流量超过 2.5 GB,累计语音通话 2255 次,成功保障了灾区人民的通信"生命线"。

3. 2024 年四川省汉源县马烈乡新华村水灾救援

2024 年 7 月 20 日，四川省汉源县马烈乡新华村因暴雨突发山洪灾害，通信、道路、桥梁中断，部分人员失联。按照应急管理部的部署，7 月 20 日至 22 日，翼龙－2H 应急救灾型无人机搭载中移应龙大型航空应急通信基站紧急执行搜救和应急通信保障任务，对汉源县受灾区域进行全面灾情侦察，全力搜寻失联人员，并提供长时、稳定的全网通信保障，连续 3 天出动 3 架次无人机，累计飞行时长达 45 小时，为抗洪抢险救援工作提供了坚实支撑。

执行任务期间，搭载中移应龙大型航空应急通信基站的翼龙－2H 应急救灾型无人机在受灾区域上空盘旋飞行，通过公网与专网结合、宽带与窄带融合、空天地一体化通信覆盖等创新技术手段，为受灾区域提供长时稳定的通信信号覆盖，同时也助力了抢险保障工作的顺利开展。

据悉，无人机空中基站累计覆盖面积超过 2700 平方千米，接入网络超过 6.7 万人次，激活用户数 4.3 万人次，主动发送救援短信 4.2 万条，牢牢守护住了网络通信"生命线"。截至 7 月 23 日，汉源县受灾区域的电力、通信全面恢复，受损公路全部抢通，受灾群众得到妥善安置。

7.5.2 应急巡检

1. 助力四川抗疫工作

从 2020 年 2 月 7 日到 2 月 21 日，中国移动参与四川省抗疫工作，无人机防疫防控作业累计覆盖 228 平方千米，涵盖彭州、绵阳、成都等市区，涉及人口 16.8 万，包含 65 个居民区。多架次、多场景、大规模、多点位的 5G 网联无人机抗疫工作在各地取得了显著效果，得到了相关政府及企业领导的一致好评。

2. 地震抢险

2019 年 6 月 17 日，四川长宁发生 6.0 级地震，中国移动第一时间启动专项应急预案，并且派遣应急小组携带无人机前往灾区，通过无人机回传的高清 GIS 影像，为现场救灾指挥提供了精准有效的决策参考。

2022 年 9 月 5 日，四川泸定发生 6.8 级地震，中国移动积极响应上级管理部门的命令，第一时间启动应急救援预案，派出无人机应急救援小组，携带各型号无人机 6 架，驰援灾区；启动大型固定翼无人机应急通信保障，为灾区应急通信保障提供技术支援；参与侦查测绘保障，为灾区提供侦查测绘作业支援；携中型无人机前往灾区为现场提供通信保障，形成地面、中型无人机、大型无人机对灾区通信保障的立体覆盖。

7.5.3　应急救援

1. 在重庆市开展山火救援

2022 年 8 月，重庆经历了罕见的连续晴朗高温天气，导致多地山林火灾频发，防火和灭火任务异常艰巨。为了响应重庆市北碚区政府的紧急救援请求，中国移动迅速成立了一支不寻常的"空中救援队"，他们立即前往救援地点，为重庆市北碚区提供了紧急支援。

这支特殊的救援队由 12 架中国移动 5G 网联无人机组成，其中包括火情侦察无人机 5 架、灭火无人机 4 架、物资投送无人机 3 架。在救援现场，中国移动基于 5G 网联无人机关键技术，借助火情侦察无人机、应急通信无人机、夜间照明无人机及物流配送无人机等各类型无人机，搭配卫星遥感

及固定 / 移动监控设备，结合信息化平台辅助当地应急部门建立了空天地一体化的森林防灭火智慧应急指挥体系。中国移动山火救援突击队克服高温酷暑、执勤时间长、巡航环境复杂等困难，共执飞 15 架次，巡查森林面积 320 平方千米，执行物资配送、隔离带防火、夜间照明等任务，现场巡查视频通过 5G 网络实时回传指挥中心，累计参与救援时长超 20 小时。除中国移动 5G 网联无人机参与救援以外，中国移动重庆公司针对发生山火的区县进行重点应急通信保障，于 8 月 17 日至 8 月 26 日累计出动保障人员 663 人次、保障车辆 188 车次、应急通信车 2 辆、卫星通信车 1 辆、应急方舱 13 台次、卫星电话 4 部、油机 82 台次，确保了救援现场的通信畅通。

2. 支援四川省凉山州西昌市森林火灾救援

2020 年 3 月 30 日，四川省凉山州西昌市突发森林火灾，山火在短时间内迅速蔓延至泸山，危及西昌市核心区域及景区安全。当日晚上 9 点 59 分，中国移动在接到凉山州委州政府前往一线支援的需求后迅速启动预案，第一时间成立应急救援突击队，紧急调集资源，积极协助凉山州政府和中国移动凉山公司开展救援工作。由于灾害反复发生，建设一套面向灾前预警、灾中扑救指挥、灾后评估的一体化保障系统就迫在眉睫。中国移动提出空天地协同的一体化灾害应急管理指挥调度系统理念，旨在通过整合全量数据和设备资源对森林进行全天候、全方位的实时监控管理。

3. 参与四川省地震（次生地质灾害）应急演练活动

2020 年 11 月 5 日，中国移动参加了由四川省应急管理厅主办为期两天的四川省地震（次生地质灾害）应急演练暨应急测绘技术队伍拉练活动。本次活动有 18 家主要应急抢险队伍参加，其中包括省气象局、省测绘局、省地质矿产勘查局、省冶金地质勘查局、省煤田地质局、省核工业地质局等重要相关单位，是近年来四川应急管理体系现代化建设成果的一次重要检验。按照"服务中心、服务大局"的要求，中国移动 5G + 无人机应急保障战队在接到命令的第一时间启动应急保障预案，提供在复杂地形条件下的应急通信保障工作。针对实战性强、救援范围广、救援装备杂、通联角色多等特点，中国移动创新性地提出了"三位一体"的通联解决方案，即以网联无人机、便携卫星设备和应急通信车组成的"空天地立体应急通信系统"为统一的通联保障平台，以中移凌云平台为前后方指挥部现场视频通联中枢，以低空网络接入实现无人机统一实时调度，有效地解决了前后方指挥部与救援现场三方实时通联、应急救援现场人员和设备实时调度、灾区人员动态分布和灾情范围的多维 GIS 呈现等难题，进一步强化了应急保障工作的专业化、智能化、科学化、精细化管理能力。

7.6　5G 网联无人机系统应急处置发展演进

1. 一机多能

应急装备的发展对高效、快速、安全的诉求是一贯的，面对复杂多变的应急处置现场，使用尽量少的装备完成尽量多的工作是装备发展的一个必然趋势。5G 网联无人机系统为了满足该发展趋势，将需要在智能多云台技术、高度集成多功能载荷、前端 AI 能力上进行突破。部分数据将在机载终端或 5G 边缘节点完成处理，以此提升效率和降低网络要求，节省应急处置现场宝贵通信资源。

对于应急通信的要求，主要体现在快速实现网络的恢复，以及公网和专网的融合通信两方面。特别是未来通过一架或多架无人机实现公网专网融合，地面人员实现多种通信终端无差别接入，对于应急处置工作现场组织协调能够发挥非常大的作用。对无人机应急通信的技术要求主要体现在快速组网、地面连续稳定覆盖、高度集成的融合通信基站、独立核心网、在线用户优先级动态管理等多种通信技术的提升。

2. 高智能化及自动化

提高 5G 网联无人机自主作业能力，减少对人员操作的依赖，在应急处置场景下，能够很大程度地降低高强度工作的人员由于疲劳产生的安全风险。智能化水平和自动化水平能力提升，主要来自无人机飞控提升和平台监管能力提升。无人机通过视觉或雷达实现空中飞行避障，降低飞机与固定障碍物或部分飞行设备碰撞的风险。5G 网联无人机系统可通过作业无人机在线监控管理，及时预判或发现飞行线路冲突的风险，避免飞机发生碰撞，同时能够规划多机协同作业，提高作业效率。

3. 数据融通

5G 网联无人机作为应急装备的一大品类，需要与其他各类应急装备协同作业，才能完成复杂的应急处置工作。此外，5G 网联无人机系统还要与其他公安、交通、水利等多行业领域数据实现互通，才能发挥最大价值。在大应急整体数据互通思路的指导下，逐步实现数据协议统一、数据通道打通、作业流程打通，将能极大地提升应急处置成效。上述工作需要应急装备厂商、应急处置专业队伍在应急管理主管单位的统一领导下逐步完成。

第 8 章

产业生态与
未来展望

信息互联网的普及彻底打破了空间限制，产业界限消失，产业链上下游及其周边呈现透明化状态。企业可以轻松地获取上下游的实时动态，及时调整生产策略。消费者也能清晰地了解产品的来源和品质，从而做出更加明智的选择。这种信息的透明化促进了信息的自由流动和资源的优化配置，为产业的健康发展注入了强大的动力。

在这场变革的推动下，新的发展模式和增长格局如雨后春笋般涌现。传统的商业模式被颠覆，新的业态和商业模式层出不穷。"互联网+"的浪潮席卷各行各业，传统产业与互联网的深度融合催生了一系列令人瞩目的创新成果。这些新的发展模式不仅打破了传统的增长瓶颈，更为产业的转型升级提供了无限可能。

在这场数字革命的浪潮中，产业生态的红利正在逐步释放，无数的机遇和挑战等待着我们去探索和把握。那些敢于创新、敢于拥抱变革的企业和个人将在这场变革中脱颖而出，成为引领产业生态发展的先锋和佼佼者。他们不仅能够享受到数字革命带来的红利，更能够抓住风口，实现跨越式发展。

8.1　网联无人机产业生态系统

人类的产业活动已经持续了几千年，产业形态不断进化。我们经过深入探究便会发现，产业的演化规律与生态学有很大的相似之处，产业与生态学的融合既是历史发展的必然趋势，也是应对现实环境问题的迫切需求。随着近代科学技术与工业的飞速发展，人类对自然的认知不断深化，同时也从自然规律中获得了诸多启发和益处。实践表明：人类若想与自然实现共生，就必须遵循自然规律，与之和谐共处。在产业发展的进程中，人类同样可以从自然界的运行机制中汲取智慧与经验，为可持续发展提供重要参考。人类对自然的认知推动着产业的文明，生态学中的生物与环境的关系、动植物之间的关系、种群的规律、群落的规律或生态系统的研究运用到当今的产业环境，必将对产业的发展与经济的增长产生重大的影响！

8.1.1　生态与生态系统

1. 生态与生态学

生态（Eco-）一词源于古希腊语，原意为"家"或"我们的环境"。其核心含义是指在一定空间内，生物与周围环境共同构成的统一体，描述了生物在自然环境中的生存和发展的状态，也是指生物的生理特性和生活习性。

从学术角度而言，生态被定义为生物在环境中的状态，描述了生物之间及生物与环境之间错综复杂的关系网络。生态强调的是生物或生命的状态，或者说生命或生物与周围万事万物之间的一种关系，表达的是一种美好的具有生命力的状态。自然界中的各种生物都需要这种美好、有生命力的状态，以及平衡的协调关系。此外，工业领域也开始引入诸如生态企业、生态圈和产业生态等概念。

如今，生态也成为一门学科——生态学。生态学通常被视为生物学的一个分支学科，但它实际上涵盖的内容和研究视角超越了传统生物学的范畴，更多涉及环境学领域。最早由德国动物学家海克尔（Haeckel）于 1866 年提出，他将生态学定义为"研究动物与其有机及无机环境之间相互关系的科学"，特别是动物与其他生物之间的有益和有害关系。从此，生态学成为一门有自己的研究对象、任务和方法的比较完整和独立的学科。

地球上的生物与环境有着密切的联系，人类在长期的生产生活实践中早已注意到这种关系，并逐步将其提升到整体与系统的高度。

2. 生态系统

生态系统的概念最初是由英国生态学家坦斯利（Tansley）在 1935 年提出来的，指在一定的空间和时间范围内，在各种生物之间及生物群落与其无机环境之间，通过能量流动和物质循环而相互作用的一个统一整体。

例如，目前较高级的鱼缸，其实就是一个微型的人造生态系统，灯光、水、鱼、植物形成了一个立体的生态景观，如图 8-1 所示。

图 8-1　微型人造生态系统——生态鱼缸

在这个生态系统中，各个元素相互作用：鱼缸的水滋养植物根部；植物的根部吸收水中的养分、净化水质；鱼则可以食用植物的残根；适当的光照条件有助于水生植物光合作用，促进它们健康生长并释放更多氧气。它营造的不仅是一个生态系统，更是一种生机勃勃的景观。

随着对生态系统和社会组织结构的认知不断深化，人们发现，人类社会的组织和运行模式与生物学意义上的生态系统具有高度相似性。基于这种类比，"生态系统"这个概念被广泛借鉴到社会科学领域。

8.1.2　产业生态系统及其特点

1. 产业生态系统

产业生态系统是一个由相互关联的企业、组织、个人、技术和资源等组成的复杂网络，是一种经济联合体，其核心活动是生产商品和提供服务，如图 8-2 所示。

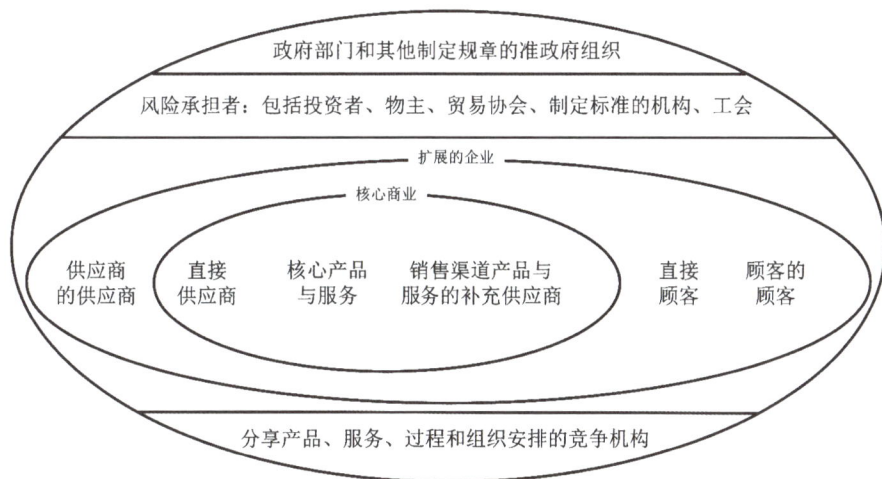

图 8-2　产业生态系统组织架构图

参与者在系统中担任不同的角色，相互依存，相互影响，共生共荣，形成一种紧密的生态关系。尽管各方存在不同的利益动机，但它们在系统中互利共存，共享资源，注重社会、经济、环境综合效益，共同促进系统的持续发展。

2. 产业生态系统的特点

产业生态系统作为一种新型的企业网络，能充分体现企业间资源的相互协调和聚集。它不仅具有企业网络的一般特征，而且具有以下重要特征。

● 成员生态位分离

企业对资源的需求越相似，产品和市场基础越相近，它们之间生态位的重叠程度就越大，竞争就越激烈。因此，企业需要通过差异化竞争突显自身独特性，避免过度竞争和资源冲突，确保在市场中具有持续的竞争优势，实现企业生态位的分离。通过生态位的分离，企业可以更好地专注于自身的核心能力和价值主张，同时在系统中与其他企业形成互补关系，实现共生共赢的局面。因此，企业生态位的分离是产业生态系统发展的重要基础之一。

● 成员多样性

产业生态系统内部包含各种不同类型和功能的成员，这种多样性为系统带来了更大的创新潜力、更强的适应能力和更广泛的合作机会，有助于促进系统的发展和繁荣，也是实现产业生态系统自组织的必要条件。

● 关键企业主导性

产业生态系统中通常会存在一些关键企业，它们扮演着领导者、组织者或引领者的角色。这些关键企业往往具有强大的资源、技术或市场影响力，能够抵御外界的干扰。它们在产业生态系统中的地位和行为往往会对整个系统的稳定性、发展和演化产生重大影响。

● 边界模糊，呈网络状

产业生态系统的边界模糊，呈现网状结构。其内部存在许多小型产业生态系统，同时整个系统本身又是更大产业生态系统的一部分，边界可根据需要调整。此外，某企业可能同时在多个产业生态系统中存在和发展。

● 内驱力推动自我进化

产业生态系统的自我进化是指系统内部各个要素或子系统之间的相互作用推动系统朝着更加复杂、有序、健康的方向演化和发展的过程。这种自我进化是由系统内部的竞争、合作、创新及资源分配等因素共同驱动的结果。通过自我进化，产业生态系统能够不断适应外部环境的变化，提高系统的适应性和生存能力，从而实现长期的持续发展。

产业生态系统中的每个环节都是整体不可或缺的组成部分。企业如同自然生态系统中的生物，各自占据特定的"生态位"，独立运作且各司其职，同时又与整个系统紧密相连、相互作用。任何一个环节的破坏或企业利益受损，都会打破产业生态系统的平衡，进而影响所有参与者的利益。

8.1.3　5G 网联无人机系统产业生态

随着工业的发展及产业趋势的改变，单个无人机企业无法独立为消费者提供全套的产品。所以，为了满足消费者的需求，无人机生产企业必须与其他相关的企业更加紧密地合作。也就是说，消费者的需求推动了无人机相关企业之间的联合，并最终走向一个更高水平的合作，即无人机产业生态系统。

结合产业生态系统的定义及组织架构，我们从法规政策、基础资源、全产业链和产业用户 4 个层面分析 5G 网联无人机系统产业生态，如图 8-3 所示。

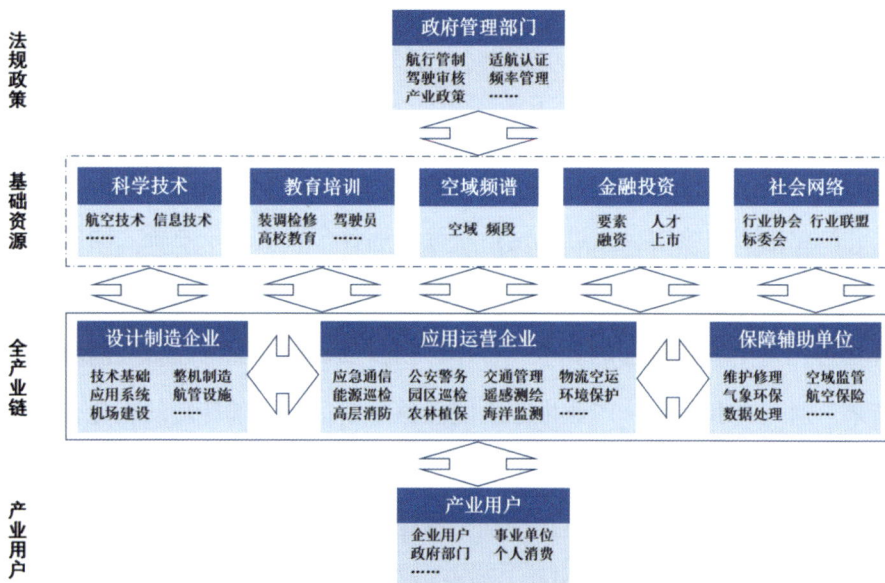

图 8-3　5G 网联无人机系统产业生态组织架构图

1. 法规政策层面

民用无人机相关的主管部门为中央空中交通管理委员会（以下简称"空管委"）、工业和信息化部（以下简称"工信部"）、中国民用航空局（以下简称"民航局"）等。其中，空管委主要负责空域管控，工信部主要对无人机的生产制造及系统使用的通信频率进行管理，民航局主要进行航空器适航认证管理、无人机实名登记管理及无人机驾驶员证的签发和管理。

我国无人机相关规章制度基本由国务院政策意见、空管委文件、民航局制定的规范性文件等构成。综合分析，我国目前有关民用无人机的上位法监管体制并不健全。第一是文件效力层级较低。大多数规范性文件都是由民航局及其下属机构拟定与公布，并且一些主要文件的性质都属于"咨询通告"的范畴，如《促进民用无人驾驶航空发展的指导意见（征求意见稿）》。第二是体系杂乱、规定繁多。目前民航局颁布的有效规范性文件主要着眼于无人机驾驶员管理、无人机登记管理及空域管理问题等。虽然涉及的规定繁多，但大多数为临时性与指导性管理规定。第三是监管主体并不明晰。无人机由民航局管理，而相关空域安全问题则交由军方单位负责，此外牵涉公共治安问题还由公安部门负责。多个监管主体之间职责如何划分，以及统一协调的管理机制如何建立，仍是需要解决的问题。

针对上述问题，2023 年 6 月 28 日，国务院、中央军委颁布了《无人驾驶航空器飞行管理暂行条例》（国令第 761 号），自 2024 年 1 月 1 日起施行。作为我国首部针对无人机的国家级专项法规，其发布及时填补了无人驾驶航空器管理法规的空白，加强了无人驾驶航空器飞行及相关活动的安全监管，有利于规范市场秩序，促进无人机产业持续健康发展。此条例的出台框定了无人驾驶航空器的生产标准、使用规范、适飞空域、监管手段等，对无人驾驶航空器的生产、应用、监管及无人机产业的发展都影响深远，让飞行更加有法可依，且更加便捷。鉴于无人驾驶航空器管理仍属于新兴领域，科学有效的管理机制仍需要持续探索，因此使用了"暂行条例"的名称，未来将根据实践不断优化完善，以适应无人机技术的快速发展和产业需求。

2.基础资源层面

第一，科学技术是第一生产力，它为无人机市场提供了技术资源。

无人机技术是一项涉及多个技术领域的综合技术，无人机系统作为国家先进科技水平的综合体现，涉及众多学科。这些学科为无人机产业提供了两大关键性技术，分别是航空技术及信息技术。

无人机产业的兴起和发展得益于航空技术与信息技术的融合。航空技术在无人机的制造、动力能源及飞行控制导航等方面发挥着重要作用。信息技术在网络通信、遥感数据处理等方面为无人机产业提供了有力的支撑，使无人机能够实现智能化操作和高效数据处理。这种融合不仅加速了无人机技术的发展，也拓展了无人机的应用领域，为航空领域带来了创新和新的发展机遇。

我们已经迈入万物互联的 5G 时代。移动通信网络已经覆盖全球各个角落，与互联网相辅相成，共同构建了一个全球一体化的连接生态系统，实现了多方位的互联互通。无人机行业正在迅速蓬勃发展，而传统无人机的自建通信链路已经不能满足现有垂直领域的业务需求，"网联无人机"新模式因此应运而生。通过 5G 重塑无人机，将为产业界带来更大的商业机遇。移动运营商经过几十年的发展，覆盖了全球 70% 的陆地及 90% 的人口。以往无线信号主要以地面覆盖为主，没有针对低空的覆盖设计。低空网络覆盖和数字化应用是一块有待开发的宝藏。5G 时代，5G 通信技术与无人机的结合将是大势所趋，那些原本难以想象的应用成为可能。

5G 移动通信技术的出现让传统应用进一步升华和深化。5G 时代也能给无人机带来更多新的玩法，让无人机应用更加多元和多样化。例如，在 5G 高速率、低时延的助力之下，回传 4K 乃至 8K 超高清视频更加清晰与流畅，从而让远程视频成为可能。基于此，无人机装载 VR 设备，通过 5G 的加持就能实现 VR 直播。对于未来的娱乐航拍、巡检等行业来说，这都是形式的升级。

第二，无人机相关专业人才的教育与培训是无人机产业实现可持续创新发展的基础性工程。

无人机产业的蓬勃发展离不开具备专业技能和知识的人才队伍。因此，针对无人机领域的教育和培训至关重要，它不仅是培养专业人才的一项任务，更是推动行业持续创新和发展的关键支撑。

2014 年 4 月，民航局授权中国航空器拥有者及驾驶员协会（Aircraft Owners and Pilots Association Of China，AOPA-China）负责隔离空域类无人机驾驶员的资质管理。自 2018 年 9 月 1 日起，为进一步加强无人机管理，民航局直接参与无人机管理，将合格证升级为民航局无人机驾驶执照，无人机正式进入持证上岗的时代。AOPA 颁发的无人机驾驶员合格证是唯一一个可以作为向空军及航管部门申请飞行计划时的人员证照凭证，并且在全球 70 多个国家通用。

除 AOPA 证书以外，人力资源和社会保障部相继发布了"无人机驾驶员"和"无人机装调检修工"新职业。国家职业技能等级证书将由人社部门备案的评价机构依据职业技能标准或评价规范进行考核评价，对合格者授予无人机驾驶员、无人机装调检修工职业技能等级证书。另外，民航局把 5 类轻小型航空器的管理权交给体育总局航管中心，由中国航空运动协会（Aero Sports Federation of China，ASFC）负责颁发。随着大疆在行业无人机领域的发展，其联合中国航空运输协会通用航空分会、中国成人教育协会推出 UTC（Unmanned Aerial Systems Training Center）培训考证体系，并委托其全资子公司慧飞无人机应用技术培训中心颁发学员合格证书。

无人机大时代已经来临。除了无人机驾驶执照，在各大无人机厂商，无人机研发则需要产品经理、软硬件工程师、飞行平台设计师及工业设计师等多类专业人士的参与。无人机教育不仅需要涵盖通信工程、电子科学与技术等传统领域，还需要将多个学科知识相互结合，培养学生能够在复杂的无人机领域中应对多样化挑战的能力。此外，高校、研究院及培训机构应该着重加强实践教学和科研创新，培养学生的创新精神和团队协作能力。高校和培训机构需不断调整课程设置和教学模式，以满足市场对高质量无人机人才的需求，为无人机行业的可持续发展提供人才支持。总之，教育的高质量输出对于促进无人机产业的进一步繁荣和创新至关重要。

第三，金融投资为无人机行业的发展提供了资金支持和资源保障。

金融投资是一种能够扩大生产资本、增加利润的经济行为，是实现企业扩张的重要手段。它可以增加无人机行业要素总量，起到要素的集聚效应，通过提高要素生产率，促进行业的发展。同时，它还能够促进无人机技术的进步，吸引诸多优秀的无人机行业相关人才。

无人机技术的不断创新和应用场景的扩展吸引了越来越多的投资者。这些投资涵盖了从初创阶段到成熟阶段的各个层面，包括研发、生产、销售、应用等。金融投资的注入不仅帮助无人机企业扩大规模和提高生产能力，还促进了技术创新和产品改进。同时，它也推动了行业生态系统的形成与完善，促进了产业链上下游的合作与发展。

第四，空域和频谱是公共资源，由政府部门负责规划、分配、监管和保护，以确保这些资源的合理利用、公平分配和可持续发展。

空域是国家资源，其管理与使用是面向公众的公共服务，应得到合理、充分和有效的利用。空域资源是无人机作业的前提，没有申请空域的无人机飞行作业都是"黑飞"，属于违法行为。空域的管理体制是由中央空中交通管理委员会领导，全国的飞行管制由空军统一组织实施，各有关飞行管制部门按照各自的职责分工提供空中交通管制服务。

自 2015 年起，我国开始逐步放宽低空空域管制，允许无人机或私人飞机在低空飞行。随着无人机行业的迅猛发展，强化无人机监管以推动行业健康、有序、可持续发展显得尤为迫切。2017 年，民航局下发《民用无人驾驶航空器实名制登记管理规定》，规定自 2017 年 6 月 1 日起，民用无人机的拥有者必须进行实名登记。2020 年 5 月，民航局印发《民用无人驾驶航空试验基地（试验区）建设工作指引》，通过试验基地的建设，研究空中交通管理，逐步推进空域开放，并加快 5G 等先进技术在无人机领域的应用。2023 年 6 月 28 日，国务院、中央军委颁布《无人驾驶航空器飞行管理暂行条例》，开放"适飞空域"给运行安全风险相对较小的微、轻、小型、农业无人机用户使用，降低了合法飞行的准入门槛。这项举措是低空空域改革的一次创新尝试，从长远来看，更契合无人机产业的发展趋势和需求。

频谱资源与无人机控制及通信链路相关，由工信部无线电管理局负责统一分配。根据《民用无人驾驶航空器无线电管理暂行办法》，1430 ～ 1444 MHz 频段频率用于无人驾驶航空器遥测与信息传输下行链路。其中，1430 ～ 1438 MHz 频段频率专用于警用无人驾驶航空器通信系统或警用直升机，1438 ～ 1444 MHz 频段频率用于其他单位和个人民用无人驾驶航空器通信系统。2400 ～ 2476 MHz、5725 ～ 5829 MHz 频段频率等也用于民用无人驾驶航空器的遥控、遥测和信息传输。微型民用无人驾驶航空器通信系统实现遥控、遥测和信息传输功能，只能使用 2400 ～ 2476 MHz、5725 ～ 5829 MHz 频段频率。

使用 1430 ～ 1444 MHz 频段频率的，应当向频率使用地省（自治区、直辖市）无线电管理机构申请取得无线电频率使用许可和无线电台执照，并按规定缴纳无线电频率占用费。使用卫星固定业务动中通系统、卫星移动业务通信系统频率的，应当向国家无线电管理机构申请取得无线电频率使用许可，向省（自治区、直辖市）无线电管理机构申请取得无线电台执照，并按规定缴纳无线电频率占用费。使用 2400 ~ 2476 MHz、5725 ~ 5829 MHz 频段频率，以及地面公众移动通信系统频率的，无须取得无线电频率使用许可，相关无线电台参照地面公众移动通信终端管理，无须取得无线电台执照。

5G 时代，网联无人机可以共享使用移动、电信、联通、广电的 2.6 GHz、4.9 GHz、3.5 GHz 及 700 MHz 的 5G 频段，进行上行遥控和下行遥测数据传输，以及高清图像、视频的实时传输。当然，也可以根据用户需求，使用无线专网进行通信。可以说，在 5G 编制的这张网络中，无人机能够飞得更高、更远，施展出更多以往无法实现的技艺。

第五，社会网络资源包括协会、联盟、准政府组织等。

在无人机市场形成初期，法规尚未健全，企业对市场难以把握。此时，社会团体组织将起到联合企业、沟通政府、整合资源、创建市场、形成产业的重要作用。

目前，我国与无人机相关的大部分省市地区均成立了无人机协会，基本都是由当地政府审批、各无人机会长单位自发组成的非营利性团体，致力于宣传政策、规范行业、服务会员、建立标准、合作交流，努力为政府当参谋、为行业立标准、为会员赋能量，推动当地无人机行业的发展。

另外，国际标准化组织、国际电信联盟（ITU）、国际电信标准组织 3GPP，以及国内无人机产业创新联盟、无人系统产业联盟、中国信息协会通用航空分会、5G 网联无人机系统联盟等诸多非营利性组织，在建立行业标准规范、加强生产与应用管理、加快推动无人机技术与传统产业结合、推进产业化创新应用、推动产学研用联动融合与军民融合等方面发挥了积极而重要的作用，共同推进中国无人机产业良性发展。

3. 全产业链层面

无人机产业链涵盖了无人机研发、生产、销售及售后服务等多个领域，具体由上游、中游、下游 3 个环节构成，如图 8-4 所示。

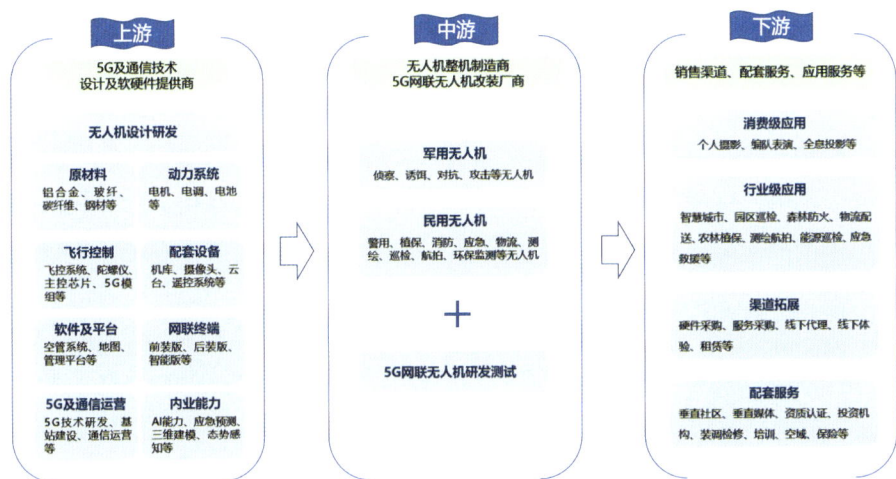

图 8-4　5G 网联无人机系统全产业链架构图

无人机产业链上游是指无人机设计研发、5G 关键技术研发、网联终端研发、通信运营、内业能力研发、软件及平台系统研发、电子元器件行业、电池、飞控系统开发、原材料等关键零部件生产。

无人机的核心零部件，如芯片和电池，技术要求较高，其技术发展水平决定了无人机的智能化程度、续航时长等性能指标。以电池为例，其续航时长是无人机的关键性能参数。就消费级无人机来说，电池续航时长是影响摄影、摄像等娱乐体验的关键因素；对于工业级无人机而言，农药喷洒、巡检勘测、测绘等工业作业要求对电池的能量密度和轻量化等性能提出了更高的要求。上游芯片、电池等核心零部件的供应商数量有限,此类供应商的议价能力较强。无人机其他零部件及原材料,如电子元器件、机体、产品外壳等结构件的可替代性较强,供应商数量较多,此类供应商的价格谈判能力较弱。上游参与厂商既有专注于特定细分领域的垂直型厂商,也包括跨产业链布局的综合型厂商。垂直型厂商包括聚焦于无人机零部件研发生产的专业型提供商,此类厂商在各自领域具有长时间的技术积累,其推出的产品不可替代性强,因此在各自专注领域形成了独特的竞争优势,如主控芯片提供商美国高通公司、英特尔公司、三星集团等。随着无人机行业的蓬勃发展,此类芯片厂商相继进入无人机市场,推出高性能的芯片和解决方案,以提升无人机飞控组件的计算性能及降低能耗,同时以高技术附加值的产品在行业上游高筑竞争优势。综合型厂商以大疆创新、纵横等为代表,此类厂商的主营业务覆盖全产业链上游研发、中游集成及下游面向终端用户的销售和相关服务,具有较强的技术研发、系统开发、整机集成、资源整合能力。

对于 5G 网联无人机系统来讲,华为、高通等 5G 技术厂商为 5G 网联无人机系统的发展提供了强有力的技术支撑;移远、芯讯通等众多模组厂商为 5G 芯片在无人机领域的大规模使用提供了便捷;中国移动、天宇经纬等公司推出的 5G 机载终端打通了无人机的 5G 链路,使无人机具备了 5G 网联能力。在国内,中国移动、中国电信、中国联通为 5G 网联无人机系统的应用落地提供了坚实的网络基础。

现阶段,5G 网联无人机系统的实现方式基本都是在传统的无人机上加装 5G 机载终端。所以,各大厂商的无人机也就成为产业链的上游元素,如大疆 M300 及 M30 系列、纵横 CW 系列、一电 X 系列、华科尔 R 系列等无人机。后续随着网联无人机技术的不断成熟,尤其是 5G 模组的小型化及网联应用的大量落地，相信会有更多的无人机生产厂商加入 5G 网联无人机系统的生产大军中。

传统无人机大多是由飞手使用遥控器或地面站操控无人机进行相关作业，一个遥控器对应一架无人机，并且作业范围很有限。5G 网联无人机系统则对传统操作方式进行了革新，利用安装了 5G 网联无人机系统管理运营云平台的手机、Pad、本地电脑、云端服务器均可以操控 5G 网联无人机系统进行作业，并且使无人机集群协同控制、超视距飞行作业成为可能。目前，5G 网联无人机系统行业的龙头厂商都已经先后发布具备自主知识产权的 5G 网联无人机系统管理运营云平台，如中国移动的"中移凌云"、天宇经纬的"御空"、南京大翼的"风筝线"等。

除了基础的飞行服务能力，平台内业能力（即平台在数据处理、应用开发、行业解决方案定制等方面的能力）是提高平台竞争力的另一重要因素。面对 5G 移动通信技术带来的无限可能，无人机应用已经跨越了传统的航拍、农林植保等范畴，深入到物流配送、应急救援、环境监测、智慧城市管理等多个垂直行业。对于平台厂商而言，尽管它们在无人机飞行控制、通信连接等方面拥有技术优势，但在深入理解和满足特定行业需求方面往往难以与那些在该领域深耕多年的企业相媲美。这些垂直领域的企业更了解行业痛点、业务流程及法规要求，能够提供更贴合实际需求的解决方案。因此，平台厂商与垂直领域合作伙伴的联合成为提升内业能力的关键路径，这不仅要求双方具备开放合作的态度，还需要在技术研发、市场开拓、人才培养等方面持续投入，共同探索无人机技术的无限可能。

产业链上游利润空间大，产品附加值高，当然对技术的要求也很高，直接决定了无人机各个组成部分的质量及性能。然而，正是由于技术要求较高、研发投入大、进入壁垒高，只有极其少数无人机制造企业具备部分上游产品的生产能力，绝大多数无人机企业都严重依赖上游企业。

无人机产业链中游涵盖整机制造商及 5G 网联无人机系统研发企业。按应用领域划分，无人机主要分为军用和民用两大领域。其中，民用无人机又细分为工业级和消费级无人机。按技术特征，无人机有固定翼、多旋翼、无人直升机和复合翼等多种类型。无人机核心技术研发及整机集成周期较长、资金投入较大，目前业内具备整机研制能力的生产商数量有限，掌握飞控、图传、无线传输等关键技术的领先企业，在市场中占据优势地位。

在无人机整机制造环节，当前我国军用无人机的研究经费主要来自国家资金投入，研制工作以航空航天相关大学及研究所主导。军用无人机代表性企业包括中航沈飞、航空工业、航天彩虹、洪都航空、北方导航、华力创通等。对于消费类无人机整机制造商，由于整机成本较低、操控相对简单，因此生产厂商五花八门、良莠不齐。消费级无人机代表厂商包括大疆、臻迪、道通、普宙等。目前消费级无人机领域的寡头态势已基本形成，市场开始步入红海阶段。大疆作为消费级无人机领军企业，已占据全球无人机市场过半的份额，业内尚未出现对其具有明显挑战能力的竞争企业。受益于消费级无人机的带动作用，专业级无人机技术逐渐成熟，成本显著下降，虽已出现细分领域龙头企业，但尚未形成寡头垄断，资本进入和技术创新的积极性处于较高水平，是无人机产业发展的新蓝海；代表厂商包括大疆、纵横、傲视、一电、飞马等。

从目前的发展态势来看，中游的 5G 网联无人机系统研发厂商主要分为3 类：通信运营商、无人机设备厂商及信息化企业。

通信运营商是 5G 新型基础设施建设者，致力于夯实数字底座，具备5G 产业化应用的先天优势。随着 5G 的到来，大带宽、高可靠、低时延等特性带来的想象延伸到无人机行业，作为通信行业主体，运营商自然也要参与其中。目前，国内只有移动、电信、联通及广电具有 5G 商用牌照。论底层技术，运营商在 5G、算力网络等基础建设方面具备不可比拟的优势。正是这些先天优势为 5G 网联无人机系统提供了培育的土壤，各大通信运营商纷纷加入了 5G 网联无人机系统的赛道。

通信运营商建设的 5G 基础设施为 5G 网联无人机提供了"神经脉络"。加上 5G 机载专用通信终端在轻量化、低功耗、高性能方向的突破，无人机及相关设备厂商纷纷开始布局 5G 网联无人机系统。包括大疆、纵横等越来越多的无人机生产厂商开始逐步开放自己的飞控系统，张开双臂，拥抱 5G 网联新时代。另外，作为无人机全自动作业的闭环核心节点，无人机机库也迎来了革命性升级，新一代机库通过 5G 网络实现远程调度、自动充换电、环境监测及任务数据的高速回传与处理等功能，形成"空中终端＋地面机库＋云端平台"的闭环系统，使大规模、自动化、全天候的无人机作业从愿景变为现实。这也标志着低空数字经济智能化运营时代的全面到来。

5G 网联无人机系统管理运营云平台是 5G 网联无人机系统完成日常作业必备的关键软件系统，平台的高度信息化吸引了诸多信息化企业的加入。但是，平台同样也是高度的专业化，要达到功能完善、体验最佳，就需要与无人机行业强关联。目前平台研发涉猎较早的信息化企业大多在做无人机业务，又或者与无人机业务强相关。

我国无人机企业分布广泛，华南和华东地区无人机产业发展势头强劲，集聚企业最多。其中，广东以深圳为核心，形成了珠三角无人机产业集群，是我国无人机企业集聚度最高的地区。华东地区则以常州、无锡、台州、阜阳、湖州、芜湖等地为核心，依托制造业基础，逐步发展起无人机产业。未来，随着各行业对无人机飞行服务需求的持续增长，无人机产业链的重心可能会逐渐向服务商转移，但整机生产商在产业链中的关键作用仍不可忽视。

无人机产业链下游包括销售渠道的拓展、配套服务的衍生及应用服务的落地等。下游无人机应用与运营服务主要包括无人机销售与租赁、无人机飞手培训、运营服务业务、一体化应用服务、终端用户等环节。下游市场壁垒相对较小，商业价值高，潜在市场大，利润空间大，产品附加值高。

经过多年的市场洗礼，无人机行业的市场格局逐渐清晰。消费级市场进入增速放缓阶段，而工业级市场变得日益活跃并呈现专业化的趋势。农林植保、能源巡检等开始增长，物流运输也逐渐得到认可，农业、物流、安防、交通、应急、能源等行业正在经历无人机的专业化渗透。5G 网联无人机系统由于既具备无人机易操作、响应快、高效率、低成本的优势，又具有 5G 大带宽、低时延、高可靠性的特点，成为工业领域的翘楚，为各类应用场景提供端到端解决方案，显示了极好的技术效果和经济效果，包括智慧城市、高清直播、能源巡检、智慧水务、交通物流、农林植保、应急通信及救援等。在应用领域多元化的背景下，目前有大量的企业涌入无人机下游应用服务这个环节，其中一部分是信息化企业，另外有很大一部分是无人机生产厂商。由于我国的无人机企业大多集中在产业链中游，未来随着竞争的进一步加剧，无人机整机制造的毛利率将不断下滑，相关无人机制造厂商都在做市场转型，从单一的无人机生产销售转入应用服务一体化。

消费级无人机主要用于个人和家庭的休闲活动，如航拍、摄影、娱乐游戏等。其中，高端消费级无人机还可用于影视行业的专业航拍等。不过，在消费娱乐领域，无人机竞赛活动和自拍又在重新定义新玩法和市场空间，同样也衍生了诸多垂直社区及垂直媒体，如中国航拍网、人民网等。

在无人机的细分市场中，竞争的激烈程度相对较低，尤其是在某些特定领域，还未出现类似消费级市场中大疆那样的龙头企业。面对日益加剧的市场竞争，各企业未来可能会逐步聚焦于某个细分领域的品牌拓展与开发，形成由点及面的竞争格局。对于用户而言，其需求呈现越来越细化和动态变化的特点。尤其在工业级领域中，这个趋势尤为明显。无人机的未来发展方向必将朝着专业化和细分领域的深层次发展，以便在特定领域为用户提供完善的行业应用解决方案。

与此同时，随着行业的迅速发展，无人机驾驶员的职业前景也愈加广阔。由于无人机操作的复杂性，如果飞行员不熟悉操控方法，或不了解相关的运行规定及法律法规，极易引发严重后果。因此，无人机需求的增长也推动了无人机驾驶员培训机构的发展，这些机构已成为无人机行业整体发展中不可或缺的重要组成部分。

在工业无人机产业链中，利润较高的环节是上游研发和下游服务。目前，我国大多数无人机企业主要集中在产业链中游。随着竞争的加剧，未来无人机整机制造的毛利率将持续下降。同时，在应用领域多元化的背景下，预计将有更多企业进入无人机下游应用服务领域，为市场提供针对特定场景的专业化服务。

综上所述，整个产业链不是一家独大，而是一个大的生态共同体，大家互相取长补短、共同进步。

4. 产业用户层面

在产业用户层面，民用无人机产业的最终用户包括个人消费者、企业用户、事业单位及政府部门；应用领域包括个人摄影、影视拍摄等消费级应用，以及应急保障、警用安防、巡检勘测、测绘建模、交通运输及农林植保等工业级应用。

消费级无人机的用户群体主要包括摄影爱好者、航模爱好者、户外运动爱好者等普通消费者，他们购买无人机主要是用于航拍、自拍、探险等娱乐和个人用途，对无人机的关注点不仅在于产品外观和易用性，还包括飞行稳定性、拍摄画质、飞行时间和智能功能等方面。工业级无人机的用户群体相对更专业和多样化，他们更加关注无人机的飞行稳定性、载荷能力、飞行高度和续航时间等性能指标，以及数据采集、传输和处理的能力。此外，他们还可能需要定制化的解决方案，以满足特定行业的需求。

8.2 未来展望

8.2.1 5G 的发展与展望

5G 是驱动经济高质量发展的新型引擎。中国作为全球最大的移动通信市场，在用户规模、市场容量和服务应用方面均处于世界领先地位。大规模 5G 网络部署将有效撬动社会资本对相关领域的投入，促进通信设备制造、芯片研发、终端生产等关联领域的高速发展，加速信息技术产品的迭代更新，激发市场并形成 5G 相关产品的大规模采购和消费需求。随着 5G 技术与各行业的深度融合，5G 服务产品和内容将日益丰富多样，5G 生态体系也将不断完善，逐步构建一个协同发展的 5G 产业圈，这不仅有助于推动技术进步，还将为经济高质量发展提供有力支撑。

5G 是推动各行各业转型升级的重要使能者，它将彻底打破连接边界，催生物联网"万物智联"的全新生态格局。以用户为中心，5G 构建了全方位的信息生态系统，广泛渗透到社会生活的各个方面。在接入能力方面，5G 网络能够支持智能交通、智慧城市、智能政务等行业的大量终端设备接入；在通信支持方面，5G 为机器人、无人机、无人驾驶、远程医疗等典型垂直行业应用提供了超低时延、高可靠性和强安全性的通信保障，同时为超高清视频直播、裸眼 3D、增强现实（AR）、混合现实（MR）等应用提供了超高带宽的通信支持。5G 的影响远超技术本身，它将彻底重塑社会结构：从人际连接迈向智能物联，从消费生态延伸至生产流程，从物理空间跃升至数字空间，推动社会迈向万物互联、智能化发展的新时代。5G 与工业、农业、交通等垂直行业的深度融合，将为科技创新、网络融合及制造业转型升级开辟全新空间。通过赋智设备、赋值企业、赋能产业，5G 将改变现有生产方式和组织模式，优化产业结构，提高效率，从而推动传统产业实现数字化、网络化和智能化的转型升级，实现高质量发展。

5G 是产业创新发展的强大催化剂，不仅是产业创新的强大驱动力，更是推动新一代信息技术集成与融合的关键力量。物联网、云计算、大数据、人工智能和区块链等技术在 5G 的支持下实现协同整合，催生众多新模式和新业态，推动万亿元级新兴产业的形成，成为数字经济蓬勃发展的核心动力。海量数据的便捷存储和高速传输为企业提供了更高效的数据管理方式，人工智能的精准识别和深度分析为决策者提供了更有力的信息支持，而区块链技术则通过安全加密的数据传输和存储方式确保数据的隐私和安全性。这些技术的融合应用将为社会带来更高效、安全和便捷的服务，进一步推动社会管理和服务领域的现代化转型。

5G 时代，网络安全将更加重要，万物互联和开放共享已成为必然趋势。智慧传感器、工业互联网设备、智能网联汽车等数量迅猛增长，新的技术架构、生产体系和运营模式将带来新的安全风险挑战。5G 跨越式网速提升也会带来大数据的井喷式增长，尤其是 5G 将渗透到各种垂直行业，数据成为更加关键的价值载体。在此背景下，保护数据安全和隐私，以及这些数据背后的虚拟身份和财富，变得尤为重要。5G 网络安全已不只是单纯的个人信息安全或企业级信息安全，其影响将更广泛。5G 时代，网络威胁将通过新技术和新设备实现多源化、全自动智能攻击，超高速率也进一步磨砺了攻防的双刃剑，传统的网络安全防御形式、防御思路和数据量等瓶颈都有待打破。运营商、科研机构、网络安全机构和企业需要实现联防联控，发挥网络安全的整体合力。

未来，5G 的发展及其在各行各业的应用将影响人们生活的方方面面，智能设备的应用将成为主流，社会管理和服务模式也将变得更加智能。同时，国际化新通道的打造将促进各国在 5G 领域的交流与合作。

8.2.2　低空经济的发展与展望

低空经济是以低空空域①为依托，以各种有人驾驶或无人驾驶航空器的低空飞行活动为牵引，辐射带动相关领域融合发展的综合性经济形态；是以低空空域安全开放为前提的强政策性经济，其发展速度取决于政策的放开与支持程度。

2021 年 2 月，低空经济首次被写入《国家综合立体交通网规划纲要》。2023 年 12 月召开的中央经济工作会议强调，要打造低空经济等战略性新兴产业，以科技创新推动产业创新，加快传统产业转型升级。全国工业和信

---

① 低空空域通常是指距正下方地平面垂直距离在 1000 米以内的空域，根据不同地区特点和实际需要可延伸至 3000 米以内的空域。

息化会议也提出打造低空经济增长点。因此，低空经济的战略地位持续提升。各省市抢抓低空经济产业密集创新和高速增长的战略机遇，加快形成低空经济产业集聚效应和创新生态，推动低空经济发展进入"新赛道"。截至 2024 年底，全国已有近 30 个省份将发展低空经济写入政府工作报告或出台相关政策，抢先布局上下游产业。2024 年已成为"低空经济元年"。未来，随着政策、市场、技术和基础设施的不断完善，低空经济有望成为推动我国经济发展的新引擎，为经济社会持续健康发展注入新的活力。

发展低空经济，首先应建设统一、开放的低空智能网联体系。该体系是由数字化、网联化、智能化的新型飞行器及设备、信息物理基础设施、数据信息网络及应用服务系统构成的综合性体系，可实现对低空空域的泛在感知、广域互联和智能管服应用，支撑典型应用场景的安全高效运行。该体系将为低空经济的发展提供坚实的物质技术基础，助力低空领域的创新和进步。

低空智能网联体系的构建遵循"五方、三层、两体系"的架构原则，涵盖了低空飞行器制造方、低空运营参与方、低空交通管理和服务提供方、低空行业监管方、低空基础设施保障和服务提供方 5 个核心参与方，机载终端与基础设施层、数据与服务支撑层、应用系统层 3 个核心层次，标准体系和安全体系 2 个关键体系，旨在实现低空领域的高效运营与服务。依托低空载具和航电设备、信息物理基础设施 2 类基础装备，该体系提供低空通信、导航、监视等基础数据和能力，并通过数据和服务支撑网络实现数据信息的接入、管理和订阅 / 分发，以支撑多个服务应用云系统，确保低空物流、载人出行、公共服务、文体旅培等典型应用场景的安全高效运行。

未来，行业内外的多方参与者需加快推进以低空智能网联体系为核心的基础设施建设和体系变革，否则低空新业态和新商业都是"空中楼阁"。

低空智能网联体系不仅要解决飞行器相关技术难题，还要在基础设施建设和产业链整合方面取得突破。通过多方的通力合作，实现技术体系的升级和标准化协议的制定与完善。同时，各方应加强对技术方案的可行性分析，确保技术方案在不同运行条件和环境下能行之有效并安全落地。

低空经济的六大发展要素：标准是规范、场景是根本、空域是关键、技术是支撑、法规制度是保障、安全是底线。依托"新技术＋新标准"，打造"新模式＋新产业"，孵化产业新方向。无人机产业的到来势在必行，构建低空智能网联体系是建设低空服务业的重要基础，无人机产业需围绕服务的数据、网络和智能化等方面构建智能化服务以服务到各行各业。

我国的低空产业建设取得了初步成果，但面对日益增长的需求和未来发展的挑战，必须以更深层次的变革引领低空经济走向新时代。

第一，无人机作为交通领域变革的关键推动力，正在以其独特的优势和多功能性彻底改变传统交通模式，各方应加快空中交通管控系统、空域数据存储与计算系统、空中导航与服务系统、空中机动服务系统建设，保障空中交通的安全性和高效性，开启空中交通新纪元。

第二，低空空域资源的开发利用是航空业的黄金机遇，各方应加快空域快速计算能力建设，构建面向低空立体空域的数字化服务及管理能力，充分适配监管方和产业界需求，连接低空空域产业中的丰富角色，实现低空空域数字化，保障空域资源可计算、可运营。

第三，空域管理的法制化是确保航空安全和有序发展的基础，各方应加快立法进程，总结试点经验，修订完善法规，以法律形式规范低空空域的使用和管理，构建科学、规范、高效的管理体系。

如今，在热气腾腾的新时代中国，低空经济活力满满。正如中国工程院樊邦奎院士所说："天空更加繁忙的一天，不可避免地将要来临。"

8.2.3　5G 网联无人机系统的广阔未来

5G 技术为无人机赋予了实时超高清图传、远程低时延控制及海量数据处理的能力，进而推动了 5G 网联无人机系统应用方式的多样化和智能化发展。融入 5G 网络的无人机能够实现更加精准的飞行控制，满足个人及行业对无人机数据传输速度、稳定性和安全性的需求，为个人及行业应用提供更高效、更可靠的解决方案。此外，在 5G 网络的基础上可实现无人机、飞手与平台间的实名认证，通过 5G 网联无人机系统管理运营云平台进行实时联网动态监测，解决了目前的管控、飞行、安全等技术难题，从根本上打破了无人机发展的瓶颈，实现了不同厂商、不同型号飞机及载荷间的互联互通，促进了无人机产业融合升级。

无人机与 5G 的跨界融合需求与趋势日益显著，5G 网联无人机系统的产业生态在法规政策、基础资源、全产业链及产业用户等方面已初步成熟。未来随着应用领域的持续创新，5G 网联无人机系统将在监管、物流、巡检、安防、救援、测绘、植保、直播、编队飞行，甚至自主飞行、集群化协同等场景中实现网联化、智能化建设，从而提升巡查、航拍、送货、勘探等个人及行业业务体验。

5G 网联无人机系统作为低空经济的推动器，凭借高效快速的商业服务能力及强大的智能感知和决策能力，提升了商业活动的效率和服务水平，开创了跨界合作新模式，拓展了应用领域。5G 网联无人机系统的应用为低空经济的发展注入动力，推动低空经济向便捷化、多元化、智能化方向迈进，也为商业社会的发展带来了更多机遇和活力，为未来的经济发展和社会进步做出了重要贡献。

结合 5G 发展大势，抢跑低空经济新赛道，5G 网联无人机系统将成为网络环境下数据驱动的空中移动智能体。未来，全球将形成一个数以千万计的无人机智能网络，7×24 小时不间断地提供个人及行业服务，进而构成一个全新的、丰富多彩的"网联天空"。